文理融合
データサイエンス
の基礎

学術図書出版社

はじめに

　データサイエンスとは多種多様なデータから，計量的な分析を通じ，新たな知見や視点を獲得することを目的とした分野です．データサイエンスはすでにあらゆる領域に影響を及ぼしており，自然科学や社会科学のみならず，人文学の研究においてもデータサイエンスの専門知識や技法が用いられています．よって，これまでは理系の学生だけがデータサイエンスを学べば良いと思われていたかもしれませんが，文系の学生にとっても自身の卒業論文などを書き進める上でデータサイエンスは有効な研究手段となり得ます．

　そこで，本書は文系理系を問わずデータサイエンスに興味のある学生のための教科書となるよう作成されました．それゆえ，本書は主に人文学に関連したデータを対象に，人文学における研究トピックスの解明に役立つと考えられるデータサイエンスの基礎的な手法を採り上げています．また，データサイエンスを学ぶとき，データ分析の実践を通じて体験的に学修することも理解を深める上で重要です．そのため，本書ではデータ分析に適したプログラミング言語であるRによるプログラムとその実行例も記述しています．Rは無料でインストールすることができるプログラミング言語ですので，本書に記載されているデータ分析の実行例を自身の手で実行することを推奨します．

　本書は10章により構成されており，文理融合データサイエンスの概要（第1章），データの要約と可視化（第2章および第3章），推定と検定（第4章および第5章），多変量解析（第6章から第10章）の順に並んでいます．このうち推定と検定は多くの学生がデータサイエンスを学ぶ上で最初に躓くトピックです．ここで戸惑いを覚えたのであれば，第4章と第5章を読み飛ばし，第6章から読み進めることをおすすめします．

　最後に，本書がデータサイエンスに興味を持つ読者の一助となることを期待しています．

2023年1月

土山　玄

目　　次

文理融合のデータサイエンスとは何か

1.1 新たな視点，新たな知見

　情報技術の発展にともなって，様々なデータが大量に得られるようになった．これによって，多くの領域においてデータを用いて複雑な現象を科学的に分析する試みが行われるようになった．そのようなデータに基づいて諸現象を解明しようとする分野をデータサイエンスという．すなわち，データサイエンスでは膨大な量のデータを処理し，分析することで新たな知見を得るのである．

　学問は自然科学，社会科学，人文学の3つに分類される．データサイエンスの手法は従来から自然科学や社会科学における種々の研究課題を解明するために広く用いられてきた．そして現在，自然科学や社会科学だけではなく，人文学における研究課題に対してもデータサイエンスの手法が用いられ始めている．

　人文学は哲学，史学，文学などを指し，一見するとこれらの学問はデータサイエンスとの親和性が低く感じられるかもしれない．しかし，人文学は長い年月にわたる研究の中で膨大かつ多種多様な資料を蓄積している．これらの資料の中にはデータ分析に利用可能なものも少なくない．データサイエンスで用いられるデータの多くは数量化されたデータである．よって，人文学において蓄積されたデータを数量化し，データサイエンスの手法を用いて分析を行う．そのような分析によって得られた結果を解釈し考察するということは，人文学の研究課題について量的な観点からアプローチするということである．

　人文学に関連したデータの中で，比較的に取得しやすいデータは文学作品のテキストデータである．文学作品の中には作者が不詳であるものがある．特に古典文学作品にはそのような作品がいくつもある．例えば，日本の古典文学作品であれば『源氏物語』がこれに該当する．『源氏物語』は平安時代中期に成立し，54 巻にわたる長編物語であり，およそ千年にわたって読み継がれてきた日本を代表する文学作品である．『紫式部日記』の記述から『源氏物語』の一部の巻については作者が紫式部であることは確実であるが，54 巻すべての作者が紫式部であるとすることには諸説ある．そのなかの有名な説として，『源氏物語』の最終 10 巻である「宇治十帖」や，その直前の 3 巻である「匂宮三帖」の作者が紫式部ではないとする他作者説が提起されている．

　文学作品のテキストデータを対象に計量的な分析を行うときは文章の形式的特徴，あるいは作家の習慣的特徴を数量化し分析する．このような特徴は文体的特徴と称され，文体的特徴に作者のクセ，すなわち作者の文章を書く上での個性があらわれるとされる．データサイエンスでは計量的な分析を通じて，この文体的特徴の出現傾向の相違や変化を捉え，作者の問題に対する解明を試みる．実際に現代文を対象とした分析や，海外の文学作品に対する分析では一定の成果が報告されている．つまり，『源氏物語』において論じられているような作者に関する問題に対して，データサイエンスは有効であると考えられている．

　文学作品のテキストデータを対象とした計量的な研究は最近の学問のように思われるが，計量的な観点による『源氏物語』の研究の歴史は長い．1957 年に発表された安本美典の研究では，「宇治十帖」と他の諸巻の作者が同一であるか否かについて，統計的な仮説検定を用いて検討を加えている．検定に用いた項目は名詞や助動詞などの 12 項目である．検定の結果，この論文では「宇治十帖」と他の諸巻では作者が異なる可能性を指摘した．これは日本における文学作品の計量分析の嚆矢ともいえる研究である．また，1990 年代には『源氏物語』の全文の電子テキスト化が行われ，およそ 36 万語にものぼるすべての単語に品詞情報などが付与されたテキストデータが作成された．1999 年にはこのテキストデータを使用して計量的な研究が行われ，助動詞の出現率の分析によって，『源氏物語』の 54 巻は原稿の巻序とは異なる順序で成立した可能性を指摘している（村上・今西，1999）．この他にも『源氏物語』を対象とした計量的な研究は継続されており，近年も研究報告がなされている．

　このように，人文学に関連したデータに対して計量的な分析を行うことで，データサイエンスには新たな視点や新たな知見を獲得できる可能性がある．本書の第4章以降では，実際のテキストデータから抜粋されたデータなどを使用して，データサイエンスの各手法の解説を行う．

1.2　データサイエンスのツール

　多種多様なデータを効率的に分析するためには，データ分析に適したツールを使う必要がある．そのようなツールとして，SASやSPSSなどのソフトウェア，PythonやRなどのプログラミング言語がある．SASおよびSPSSは広く使用されているソフトウェアであり，日本でも多くの大学が導入している．しかし，これらのソフトウェアは非常に高価であり，データ分析の学修や実践のために個人が使用することは簡単ではない．

　これに対して，PythonやRは無料で使用できるプログラミング言語である．PythonとRはどちらも優れたデータサイエンスのツールであるが，本書ではRを採り上げ，Rによる分析の実践例を示す．これはRがPythonより優れているということではない．データサイエンスを学ぶときには複数のプログラミング言語を同時に学ぶのではなく，1つずつ学ぶ方がよいと思われるからである．

　RはThe Comprehensive R Archive NetworkというWebサイトからダウンロードできる．このThe Comprehensive R Archive NetworkはCRANと略され，世界中にミラーサイトが存在している．Rを起動すると「Rコンソール」というウィンドウが起ち上がる．このRコンソール上でデータ分析を行うのである．また，Rはデフォルトであっても様々なデータ分析が可能であるが，Rパッケージと呼ばれる関数やデータなどの集まりをインストールすることで，Rの機能が拡張される．本書においてもいくつかのRパッケージを使用する．Rパッケージは上述のCRANにおいて配布されているが，Rコンソールに次のような命令文を記述することで，Rパッケージをインストールできる．例としてmclustというパッケージをインストールする．

```
1  options( repos = "https://cloud.r-project.org" )
2  install.packages("mclust", dependencies = TRUE)
```

1行目の options から始まる命令文は1度だけ実行すればよい．しかし，2行目の install.packages から始まる命令文は必要なパッケージをインストールするときに必ず記述しなくてはならない．また，R は年に何回かバージョンアップが行われている．そのため，定期的に R を更新することが推奨される．

1.3 本書の構成

本書ではデータの要約（第2章），データの可視化（第3章），統計的な推定（第4章），仮説検定（第5章），多変量解析を採り上げる．多変量解析では回帰分析（第6章），判別分析（第7章），主成分分析（第8章），階層的クラスター分析（第9章），非階層的クラスター分析（第10章）を概観する．原則として，第2章以降は1つの章で1つの手法を解説しており，章末には演習として R によるデータ分析の実践例を記載している．先にもふれたように，文学作品のテキストデータは人文学に関連したデータの中で取得しやすいデータである．それゆえ，本書では主にテキストデータを例として上述の手法の演習を行う．

また，第4章の推定と第5章の検定は，データサイエンスや統計学を学ぶ上で最初の関門となるテーマである．もし第4章と第5章が難しく感じられたのであれば，一度これらの章を読み飛ばして第6章以降の多変量解析に進んでもらいたい．第6章以降の内容は第4章と第5章の内容を理解していることをおよそ前提としていない．そして，データサイエンスの実践の場では第6章の回帰分析や第8章の主成分分析は非常によく使用される手法である．これらの手法を実践することで，データサイエンスの有効性や重要性を体感していただけたらと思う．

データの記述

　文理融合データサイエンスの研究対象となる文化現象をデータ化するために
は分析の計画段階でどのような変数をデータとして収集するのか決定する必要
がある．分析対象によっては数値とカテゴリの両方で表現できるものもあれ
ば，カテゴリでしか表現できないものもあるからである．そこで，数値やカテ
ゴリといったようなデータの種類について見ていきたい．

　まず，データは値のもつ性質によって質的データと量的データに分けられる．
例えば，健康診断で体重を計測したときに，対象者の体重が記録される．体重
は数値で表現され，このようなデータは量的データと呼ばれる．その後に，対
象者の身長などを考慮し，「痩せ型」「標準」「肥満」などのカテゴリが付与され
ることがある．このようにカテゴリで表現されるデータは質的データと称され
る．つまり，日常生活には量的データもあれば，質的データもあり，両者とも
に有益な情報となり得るということである．そのため，データにはどのような
類型があるかを知っておくことがデータサイエンスにおける各手法を理解する
上で重要なのである．

　初めに，質的データと量的データについて簡単に整理したい．質的データと
は性別，血液型，郵便番号などのように量的意味をもたないデータのことであ
り，さらに質的データは名義尺度と順序尺度の2つに分けられる．質的データ
は分析対象の特徴を示すもので，値自体は特定の意味をもたない．また，質的
データはカテゴリカルデータとも呼ばれる．一方，量的データとは体重や身長，
長さや面積，体積などのように，その値自体が量として意味をもつデータのこ
とであり，対象を数量で表現できるものである．量的データは基準となる原点

の有無によってさらに間隔尺度と比例尺度に分けられる.

2.1　質的データの尺度

　名義尺度は対象を分類するために用いられるデータのことをいう. 名義尺度の例としてよくあげられるものは性別や血液型である. 例えば, 性別では「男性」と「女性」という 2 つの値, あるいは「男性」「女性」「その他」という 3 つの値とされることが一般的である. これらの値には順序関係や大小関係はなく,「女性」に 1,「男性」に 2, あるいは「男性」に 1,「女性」に 2,「その他」に 3 というように数字を便宜的に割り当てただけである. つまり, この数字に量的意味はない. したがって, これらの数は数値ではなくあくまで数字なのである. また, 仮に四則演算などの計算を行ったとしても, これによって得られた数字に意味はなく, 計算自体が無意味である.

　次に, 順序尺度は順序関係や大小関係のあるデータである. 先に述べたように, 順序尺度は名義尺度とともに質的データに分類されるが, 値に順序があるという点において順序尺度と名義尺度は異なる. 順序尺度の代表的な例に競技の順位がある. 例えば,「金メダル」「銀メダル」「銅メダル」という 3 つの値があったとすると, これらのうち「金メダル」が最もよく,「銀メダル」がその次によく,「銅メダル」がさらにその次によいとなる. ただし, 順序尺度ではこれら 3 つの値が等間隔であることは保証されていない.「金メダル」の選手と「銀メダル」の選手の成績が僅差で「銅メダル」の選手の成績が著しく劣っている場合であっても,「金メダル」の選手の成績が著しく優れていて「銀メダル」の選手と「銅メダル」の選手の成績が僅差の場合であっても両者は区別されない. 順序尺度では値の間隔について, 何も言及がなされておらず, 便宜的に順序尺度の値に数値が割り当てられたとしても, 名義尺度と同様に割り当てられた数字を用いて計算を行うことできない.

2.2　量的データの尺度

　間隔尺度は順序関係を持っていることに加えて, 目盛りが等間隔であることが保証されている. すなわち, 間隔尺度は順序尺度の性質に加えて等間隔性の性質も併せ持つ尺度である. これによって, 間隔尺度の変数は和を求めたり,

あるいは差を求めたりすることに意味が生じる．このような間隔尺度の例としてあげられるものにテストの点数や温度などがある．目盛りが等間隔であることが保証されていればよいことから，間隔尺度は正の整数だけではなく，温度のような負の値や小数を持つ値も許容される．なお，詳細は後述するが絶対温度は絶対的な原点を持つことから温度と異なり順序尺度ではなく比例尺度である．

　最後に，比例尺度は間隔尺度と同様に等間隔性の性質を持っているが，これに加えて比例尺度には原点が存在する．この原点とは絶対的な 0 のことである．比例尺度は原点という基準を持つことから，間隔だけではなく比率も意味を持つ．それゆえ，比例尺度の変数は加減乗除の四則演算のすべてが許容される．また，比例尺度の例としては身長や体重があげられる．ここで，間隔尺度の例としてあげたテストの点数や摂氏も 0 という数値を取り得ることから，比例尺度のように思われるかもしれない．しかし，身長や体重が 0 となる人間が存在しないのに対し，テストの点数が 0 点となる学生は存在する．摂氏についても水の凝固点を便宜的に 0 としただけで，温度がないという訳ではなく 0 度という温度がある．華氏も摂氏と同様である．ただし，温度とは厳密に述べると分子の運動エネルギーのことであり，この運動エネルギーが増加すると温度も高くなるということになる．絶対温度が 0 となるのは分子の運動エネルギーが 0 のとき，すなわち運動エネルギーがないときの温度であるので，摂氏や華氏と異なり絶対温度には原点があるとされるのである．したがって，間隔尺度における 0 は相対的なのであり，絶対的な 0 の有無が間隔尺度と比例尺度との相違点となる．

　このように比例尺度では絶対的な 0 があるため，加算や減算に加えて乗算と除算も行うことができる．しかしその一方で，絶対的な 0 を持たない間隔尺度は比率に量的な意味を持たないため，乗算と除算を行ったとしても意味がないことに留意する必要がある．

2.3　その他のデータの類型

　量的データには連続データと離散データという別の分類方法もある．連続データは区間内の任意の数値をとれるデータであり，離散データは飛び飛びの値だけをとれるデータである．前者の連続データの例としては身長や体重が該当し，後者の離散データは人数などの頻度のデータが該当する．

　また，データには構造化データと非構造化データという類型もある．構造化データを端的に説明すると，そのまま分析することができる形式のデータである．典型的な構造化データは行と列の概念を持つデータであり，このようなデータは矩形データと呼ばれる．その一方で，非構造化データとは画像，音声，文章のようなデータのことである．世の中の多くのデータがこのような非構造化データであるといわれており，文理融合データサイエンスにおいても非構造化データが分析の対象となることが多い．非構造化データを分析するときは，データを加工し構造化データに変換しなくてはならない．

2.4　1つの量的変数の記述

　データの特徴を理解するにはグラフを描くことによって可視化する方法とデータを数値で要約する方法がある．要約された数値は統計量と呼ばれ，本章では統計量を用いてデータを要約する方法を採り上げる．グラフによる可視化については第3章で採り上げる．

　データを正確に読み解くためには，与えられたデータを整理，要約する必要がある．このようにデータを数値で要約することを記述統計という．記述統計において重要なことは，データの全体像を示すために必要な統計量を求めることである．データを要約するとき，データの分布の中心がどこにあるのかをあらわす中心傾向の尺度や，データのばらつきの度合をあらわす散らばりの尺度がよく用いられ，これらは基本統計量と呼ばれる．1変数の量的データを対象とする場合の基本統計量としては，中心傾向の尺度として平均値，中央値，最頻値があり，散らばりの尺度として範囲，分散，標準偏差などがある．

　中心傾向の尺度とはデータの中心となる値をあらわす統計量のことで，平均値はもっともよく知られる中心傾向の尺度である．平均値にはいくつかの定義があるが，そのなかでよく使用される平均値は算術平均である．算術平均は観測されたデータの値の合計を観測個体の総数で割った値である．平均値は身長や体重のような連続データに対しても，頻度のような離散データに対しても求めることができる．しかし，厳密に言えば，名義尺度と順序尺度に対しては求めることができない．

算術平均は以下の式で求められる.

$$\text{算術平均} \qquad \overline{x} = \frac{\sum\limits_{i=1}^{n} x_i}{n} \qquad (2.1)$$

なお,式 (2.1) における n は観測個体の総数である.

図 2.1 のグラフはドットプロットと呼ばれるグラフであり,値の散らばり具合を視覚的にあらわしたグラフである.図 2.1 のように 22 個の観測値が得られたとする.22 個の観測値の算術平均は 5.36 であり,これら 22 個の観測値が同じ重さであるとすると算術平均のところで釣り合うこととなる.したがって,算術平均はデータ全体の重心であるといえる.

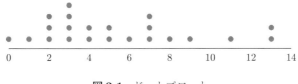

図 2.1 ドットプロット

データの特徴によってはデータの中心傾向の尺度として平均値を用いることが適切ではない場合がある.平均値は外れ値と呼ばれる極端に大きい値,あるいは極端に小さい値に大きく影響されることがある.そのため,このような外れ値が含まれるデータに対し,平均値を用いることは慎重になるべきである.平均値と並んで,中心傾向の尺度として用いられる統計量として中央値があり,中央値は観測値を小さい順に並び替えたときの中央に位置する値である.外れ値を含むデータに対しては,中心傾向の尺度を求めるときにデータの全体的傾向を代表する値として平均値より外れ値の影響を受けにくい中央値の方が望ましい.なお,データの個数が奇数である場合は中央値が 1 つの数値に定まるが,データの個数が偶数の場合は中央に位置する数値が 2 つある.このためデータの個数が偶数であるときは中央に位置する 2 つの数値の和を求め 2 で割った値を中央値とする.また,中央値は間隔尺度と比例尺度に加えて,順序関係や大小関係を持つ順序尺度に対しても中央値を求めることができる.

中央値の考え方を拡張した分位数がある.中でも非常によく使用される分位数として四分位数がある.中央値はデータを昇順にソートしたときにデータを 2 等分するときの分割点であるが,四分位数はデータを 4 等分するときの 3 つ

の分割点である．第1四分位数はデータの 25％点，第2四分位数はデータの 50％点であるため中央値と合致し，第3四分位数はデータの 75％点である．

　平均値，中央値の他の中心傾向の尺度として最頻値がある．これは文字通り最も頻出する値のことである．最頻値のその性質から離散データに対してよく使用されるが，連続データに対しても用いられることがある．連続データを対象とするときはデータをいくつかの区間に分け，その区間に含まれる度数を集計することで最頻値が求められる．なお，この区間のことは階級と呼ばれる．ただし，連続データの場合は区間の幅，すなわち階級幅の設定によって最頻値が一義的に定まるわけではないので取り扱いには注意が必要である．

　データの特徴を把握するためにはデータの分布の中心傾向の尺度を求めることが重要であるが，中心傾向の尺度の周囲にどのようにデータが分布しているかを知ることも重要である．例えば，どちらも社員が 10 人の A 社と B 社があったとして，社員全員の年収が等しく 1000 万円である A 社と，1人の年収が 9100 万円で残りの9人の年収が 100 万円である B 社の年収の平均値はどちらも 1000 万円となる．これは極端な例ではあるが，データを要約する上では中心傾向の尺度だけではなくデータの散らばりの度合を示すことの重要性が理解できるだろう．このようなデータの散らばりをあらわす統計量として範囲，分散，標準偏差などがある．

　最も簡単にデータの散らばりの程度をあらわす統計量は範囲である．範囲はデータの最大値と最小値の差である．範囲の値が小さければ，平均値や中央値の周囲にデータが集中して位置していると考えられ，反対に範囲が大きければデータは大きく散らばっていると考えられる．ただし，範囲は最大値と最小値の2つの観測値のみを用いて求められることから分かるように，データの散らばりの尺度としては信頼に足る統計量とは言えない．すなわち，2つのデータを対象にそれぞれ範囲を求め，同じ数値が得られたとしても両者のデータの分布が同様であると判断できない．

　そこですべての観測値を用いて求められる分散と標準偏差が散らばりの尺度としてよく使用される．分散と標準偏差は偏差に基づいて計算される統計量であり，偏差とは観測値と平均値の差である．したがって，観測値が 10 個あったとすると，10 個の偏差が求められ，正の値になるものもあれば負の値になるものもある．分散とはこの偏差の2乗の総和，すなわち偏差平方和を観測個

体の総数で割った値である．つまり，分散は偏差の 2 乗の平均値であるといえる．また，標準偏差は分散の正の平方根である．なお，分散は σ^2，標準偏差は σ であらわされる．

$$\text{分散} \qquad \sigma^2 = \frac{\sum_{i=1}^{n}(x_i - \overline{x})^2}{n} \qquad (2.2)$$

$$\text{標準偏差} \qquad \sigma = \sqrt{\frac{\sum_{i=1}^{n}(x_i - \overline{x})^2}{n}} \qquad (2.3)$$

分散および標準偏差の意味を考えると，どちらも観測値が平均値の周囲にどのように散らばっているのかをあらわす統計量であるといえる．分散や標準偏差の数値が大きくなればなるほどデータの散らばりも大きいことを意味し，数値が小さくなればなるほど平均値の周囲にデータが集中していることを意味している．ただし，この分散は母集団を対象としたときに用いられる分散であり，標本から母集団の分散，すなわち母分散を推定するときには不偏分散と呼ばれる統計量を用いることが多い．不偏分散は偏差平方和を観測個体の総数で割るのではなく，観測個体の総数から 1 を引いた値で割った値である．

$$\text{不偏分散} \qquad \sigma^2 = \frac{\sum_{i=1}^{n}(x_i - \overline{x})^2}{n-1} \qquad (2.4)$$

$$\text{不偏標準偏差} \qquad \sigma = \sqrt{\frac{\sum_{i=1}^{n}(x_i - \overline{x})^2}{n-1}} \qquad (2.5)$$

分散，不偏分散のどちらも偏差の 2 乗を計算することで求められる統計量であるから，分散の単位は元のデータの測定単位とは異なる．しかし，標準偏差は分散の平方根をとった値であるので，元のデータと単位が同じとなる．

2.5 2 つの量的変数の記述

変数が 1 つしかないデータは 1 次元データと呼ばれ，2 つの変数からなるデータは 2 次元データ，多数の変数を持つデータは多次元データと称される．これまでは 1 つの量的変数，すなわち 1 次元データをどのように記述するのか説明してきた．実際のデータでは変数が 1 つしかないということは稀であり，

図 2.2　直線的な関係がある 2 つの変数

複数の変数間の関連性に興味が向けられることも多い．そこで，本節では 2 次元データあるいは多次元データにおける 2 つの変数の関連性をあらわす統計量について採り上げる．

　データサイエンスや統計学では直線的な関係が認められる 2 つの変数に対して，相関関係があるという．ある変数が増加するともう一方の変数も増加するときは正の相関関係があるといい，反対にある変数が増加するともう一方の変数が減少するときは負の相関関係があるという．このような対応のある 2 つの変数の相関関係をあらわす統計量としては共分散と相関係数がある．

　共分散とは，ある変数が他の変数とともに変動する程度をあらわす統計量である．x と y という 2 つの変数があるとき，一般的に共分散は S_{xy} であらわされる．共分散は x の偏差と y の偏差を計算し，2 つの偏差の積の総和を観測個体の総数，あるいは観測個体の総数から 1 を引いた値で割ることで求められる．変数 x の値が $\overline{x}$ より大きい値を持つ観測個体が，変数 y の値も $\overline{y}$ より大きければ偏差の積は正の値になる．同様に変数 x の値が $\overline{x}$ より小さい値を持つ観測個体が，変数 y の値も $\overline{y}$ より小さければ偏差の積も正の値になる．反対に，変数 x の値が $\overline{x}$ より大きい値を持つ観測個体が，変数 y の値が $\overline{y}$ より小さければ偏差の積は負の値になる．したがって，共分散の値が 0 より大きいときは x の値が増加すると y の値も増加する傾向にあり，共分散の値が 0 より小さいときは x の値が増加すると y の値は反対に減少する傾向にある．また，共分散の値が 0 のときは 2 つの変数に相関はないと考えられる．偏差を用いるという点で共分散は分散と同様であるが，分散は偏差平方和を計算するのに対し，共分散は 2 つの変数の偏差の積の和を計算する．この 2 つの偏差の積の総和を偏差積和という．

$$共分散（母集団）\qquad \sigma_{xy} = \frac{\sum_{i=1}^{n}(x_i - \overline{x})(y_i - \overline{y})}{n} \qquad (2.6)$$

$$\text{共分散（標本）} \qquad S_{xy} = \frac{\sum_{i=1}^{n}(x_i - \overline{x})(y_i - \overline{y})}{n-1} \tag{2.7}$$

2つの変数が大きい値を取る場合や観測個体の総数が大きい場合，共分散の絶対値も大きくなるため，共分散の取りうる値に制限はない．また，身長と体重の共分散を求めるとき，身長の単位をセンチメートルとするかメートルとするかで共分散の値は大きく異なってしまう．したがって，共分散は2つの変数間に正の相関，負の相関，無相関があることは分かるが，その相関がどの程度の強さなのか解釈することは簡単ではない．このため，実際にデータを分析するときは共分散ではなく次に採り上げる相関係数を用いることが一般的である．

相関係数は共分散と同様に2つの変数の直線的な相関関係の強さをあらわす統計量であり，一般的には r_{xy} であらわされる．相関係数にはいくつかの種類があるが，最もよく用いられる相関係数としてピアソンの積率相関係数があり，特に断りなく相関係数という場合はこのピアソンの積率相関係数を指す．

相関係数は共分散を変数 x の標準偏差 S_x と変数 y の標準偏差 S_y の積で割った値である．

$$\text{相関係数} \qquad r = \frac{S_{xy}}{S_x S_y} \tag{2.8}$$

相関係数の分母は変数 x と変数 y の標準偏差の積であることから常に正の値になるため，相関係数の符号は共分散の値によって決定される．また，変数 x と変数 y の直線的な関連性の強さは相関係数の絶対値で示され，すべての観測値が一直線上にあるとき，相関係数の値は1，または -1 となる．相関係数は1に近いほど2つの変数間には強い正の相関があるといい，反対に -1 に近いほど2つの変数間には強い負の相関があるという．相関係数が0に近いときは2つの変数には相関がなく，無相関であるという．

相関係数の値はあくまで2つの変数の関連の強さをあらわしているのみであり，因果関係をあらわしているわけではないことに留意する必要がある．また，2つの変数の間に強い相関があるように見えるが，実際には2つの変数には直接的な関連性がないにもかかわらず相関係数が大きくなることがある．例えば，これは2つの変数がそれぞれ別の第3の変数と相関があるため，直接的な関係がない2つの変数の相関係数が高くなってしまう場合である．これは見せかけの相関，あるいは擬似相関と呼ばれる．例えば，コンビニエンスストアの

件数と犯罪の認知件数といった 2 つの変数の間に認められることがある．この2 つの変数はそれぞれ人口という変数と相関しており，このためにコンビニエンスストアの件数と犯罪の認知件数との間の相関係数が大きくなってしまう．このような見せかけの相関はデータの解釈を誤らせてしまうことがあり，分析結果を慎重に検討しなくてはならない．

2.6　質的変数の記述

　人文系データを分析するときには質的データが分析対象となることが多い．質的データとは名義尺度と順序尺度のデータのことである．よって，質的データに対しては平均値や分散などを求めることはできない．そこで，1 変数の質的データを記述するときは単純集計を行い，頻度や割合を求めることが一般的である．質的変数における各カテゴリの頻度を度数，すべてのカテゴリの度数の合算した度数のことを合計度数という．また，各カテゴリの度数を合計度数で割ると割合になる．

　2 変数の質的データを記述するときは，クロス表を作成する．クロス表とは表 2.1 のような 2 つの変数を掛け合わせて各カテゴリの度数を集計した表である．表 2.1 は 2 行 2 列のクロス表であり，図中の a, b, c, d はそれぞれ度数である．このようにクロス表を用い，a, b, c, d の 4 つの度数を求める集計方法をクロス集計という．2 つの質的変数の関連性を検討するために，このようなクロス表を用いることが一般的である．これについては第 5 章において詳述する．

表 2.1　2 行 2 列のクロス表

	変数 Y	
変数 X	a	b
	c	d

2.7　R による実践

　R は統計解析に有効なプログラミング言語であり，本章で採り上げたデータの中心傾向の尺度や散らばりの尺度なども容易に求めることができる．本節ではまず R の基本的な操作を概観した後に，R を用いた統計処理について解説

する．

基本的な計算

Rでの四則演算の実行の仕方を加減乗除の順に見ていきたい．まず加算は多くのソフトウェアやプログラミング言語と同様に「+」を用いる．例として2と3の和を求める．

```
1 > 2 + 3
2 [1] 5
```

「2 + 3」とRコンソールに入力し，EnterまたはReturnを押すと計算結果が出力される．計算結果はRコンソールの [1] の右に表示される．なお，本書では見やすさのために，「+」の両サイドに半角のスペースを挿入しているが，スペースを挿入しなくてもよい．減算，乗算，除算も同様である．使用する記号は順に「-」「*」「/」である．

```
1 > 2 - 3
2 [1] -1
3 > 2 * 3
4 [1] 6
5 > 2 / 3
6 [1] 0.6666667
```

また，累乗を求めるときは「^」を用いる．2の3乗を求めるときは次のように行う．

```
1 > 2 ^ 3
2 [1] 8
```

ベクトルの作成

Rでは1つ以上の数値を1つのグループにまとめ，そのグループの中心傾向の尺度や散らばりの尺度を求めることができる．このグループのことをベクトルという．ベクトルはRで統計的な処理を行う上で使用される基礎的なデータの型の1つである．ベクトルを作成するときに最も用いられる関数はcという1文字の関数である．

```
1  > c( 2, 6, 8 )
2  [1] 2  6  8
```

このような処理を行うことで，3 つの数値を 1 つのベクトルとして取り扱うことができる．例として 3 つの数値を 1 つのベクトルとしたが，ベクトルに含まれる要素の数は 1 つ以上であればいくつでもよい．

ここで，このベクトルをオブジェクトに代入することで，様々な処理をさらに効率的に行えるようになる．オブジェクトとは数値やベクトルをしまうことができる箱のような物のことである．x というオブジェクトに先ほどのベクトルを代入する．なお，オブジェクトはアルファベット，数字，日本語を組み合わせて使用することが可能で，アルファベットは小文字と大文字が区別される．ただし，オブジェクトは 1 文字目が数字となることが許容されていないため，この点のみ注意が必要である．

```
1  > x <- c( 2, 3, 8 )
2  > x
3  [1] 2  3  8
```

オブジェクトに代入するためには半角の不等号「<」と半角のハイフン「-」による矢印を用いる．矢印に指されている方が代入されるオブジェクトである．本書では左向きの矢印を使用しているが右向きの矢印でも同じ処理が実行される．

ベクトルは数値だけではなく文字列を要素とすることもできる．文字列を入力するときには必ずダブルクォーテーションを付ける必要がある．

```
1  > y <- c( "a", "あ", "ア" )
2  > y
3  [1] "a"  "あ"  "ア"
```

このように，ベクトルに文字列が含まれるときは出力されるときもダブルクォーテーションが付けられる．また，文字列を扱うとき，1 つのベクトルに数値と文字列が混在すると，すべてが文字列として認識されてしまうことに注意が必要である．

■ベクトルの操作■

作成されたベクトルに対して，計算を行うことも可能である．ベクトルを対象に計算を行うときはベクトルを構成する要素すべてに対して同じ計算を行うことになる．先ほど作成した x を例とし，3つの要素すべてに3を加えるには x + 3 と R コンソールに記述する．なお，x の1つめの要素は2，2つめの要素は3，3つめの要素は8である．

```
1 > x + 3
2 [1] 5  6  11
```

また，作成されたベクトルから特定の要素の抽出や置換をしなくてはいけなくなることがある．x から1つ目の要素である2を抽出するときは次のように行う．

```
1 > x[ 1 ]
2 [1] 2
```

このように x に半角の角括弧を付け，角括弧の中に要素の序数を記述することで目的となる要素を抽出することができる．

次に，x の2つ目の要素を3から5に置換する場合は，次のように5を代入すればよい．

```
1 > x[ 2 ] <- 5
2 > x
3 [1] 2  5  8
```

ここで注意すべきことはベクトルの要素の置換は不可逆であるということである．すなわち，誤った数値に置換してしまった場合や，置換される前の数値に戻したい場合は，改めて最初からベクトルを作成するか該当の要素を個別に正しく入力し直す必要がある．

ベクトルを作成するには c という関数を用いるのが一般的であるが，等差数列のような規則的に連続した数値のベクトルを作成するには seq 関数を用いる．例えば，0から12までの公差が3の等差数列のベクトルを作成するときには次のように記述する．

```
1 > z <- seq( 0, 12, by = 3 )
```

```
2  > z
3  [1] 0  3  6  9  12
```

上掲の seq 関数の丸括弧の中には「0」「12」「by = 3」という3つの要素がある．これらは第1引数，第2引数，第3引数という．第1引数はベクトルの初期値，第2引数は最終値，第3引数は刻み幅である．

また，1刻みの整数のベクトルはコロンを用いることで簡単に作成することができる．

```
1  > 1:5
2  [1] 1  2  3  4  5
```

ベクトルには分析に不要な要素が含まれていることがある．このような要素は分析のノイズになり得ることから事前に削除することが推奨される．例えば，z は初期値が 0，最終値が 12，刻み幅が 3 の 5 つの要素から成るベクトルであるが，0 という 1 番目の要素が不要だったとする．このような場合は，角括弧の中に -1 と記述することで 1 番目の要素を削除できる．

```
1  > z[ -1 ]
2  [1] 3  6  9  12
```

■ 行列の作成 ■

ベクトルの他に R には行列というデータの型がある．行列は R で矩形データを用いるときの標準的なデータの型である．行列を作成するには matrix という関数を用いる．例として 3 行 2 列の行列を作成する．3 行 2 列の行列には6 個の要素が必要であるため，ここでは行列の要素として 1 から 6 までの連続した数値を用い，この行列を M1 というオブジェクトに代入する．

```
1  > M1 <- matrix( 1:6, nrow = 3, ncol = 2 )
2  > M1
3        [,1]  [,2]
4  [1,]    1    4
5  [2,]    2    5
6  [3,]    3    6
```

　ここで，matrix 関数の第1引数は行列の要素であり，第2引数は行数，第3引数は列数である．なお，第2引数および第3引数の nrow および ncol を略記することもできる．ただし，その場合は下記のように行数，列数の順で指定しなくてはならない．

```
> M1 <- matrix( 1:6, 3, 2 )
```

　行列においてもベクトルと同様に，要素に文字列が1つでも含まれると，行列のすべての要素が文字列として扱われることに注意が必要である．また，行列では要素が1列目から順に代入される．1行目から順に代入したい場合は下記のように引数を追加する．ここでは例として3行3列の行列を作成する．

```
> M2 <- matrix( 1:9, nrow = 3, ncol = 3, byrow = TRUE )
> M2
     [,1]  [,2]  [,3]
[1,]   1     2     3
[2,]   4     5     6
[3,]   7     8     9
```

■ 行列の操作 ■

　次いで，これらの作成した行列 M1 と M2 を用いて，行列に対する操作を見ていきたい．まず，行列からの要素の抽出である．行列ではベクトルに対して行った特定の数値の抽出だけではなく，特定の行や特定の列を抽出することができる．特定の要素を抽出するときは，オブジェクトの右横に半角の角括弧を付け，行と列を順に記述する．M1 から1行2列目の要素を抽出するときには次のように行う．

```
> M1[ 1, 2 ]
[1] 4
```

　上述のように，角括弧の中ではカンマの左が行番号，カンマの右が列番号となる．行列を操作するときにはこのカンマが必ず必要になる．次に，M1 から1行目の抽出と2列目の抽出を行う．

```
> M1[ 1, ]
[1] 1 4
```

```
3
4 > M1[ , 2 ]
5 [1] 4 5 6
```

　ベクトルと同様に，行列においても要素の置換を行うことができる．例えば，
M1 の 2 列目の要素を 7, 8, 9 に置換するとする．

```
1 > M1[ , 2 ] <- c( 7, 8, 9 )
2 > M1
3        [,1]  [,2]
4 [1,]    1    7
5 [2,]    2    8
6 [3,]    3    9
```

　行列を分析する際に，不要な行や列が生じることがある．そのようなときは
対象となる行列から不要な行や列を削除する必要がある．行列においてもベク
トルと同様に不要な行番号や列番号の前にマイナスを付け，不要な行あるいは
列を削除する．以下では M1 から 1 行目の削除，M2 から 2 列目の削除を行った．

```
 1 > M3 <- M1[ -1, ]
 2 > M3
 3        [,1]  [,2]
 4 [1,]    2    5
 5 [2,]    3    6
 6
 7 > M4 <- M2[ , -2 ]
 8 > M4
 9        [,1]  [,2]
10 [1,]    1    3
11 [2,]    4    6
12 [3,]    7    9
```

■データフレームの作成■

　R にはデータフレームというデータの型がある．これは行列と同様に矩形
データを取り扱うためのデータの型である．行列は 1 つでも文字列の要素が含
まれると，他の要素も文字列として扱われる．一方，データフレームは文字列
の要素が含まれるとその列のみ文字列として扱われる．つまり，データフレー

ムは量的な変数と質的な変数が混在するデータを取り扱えるということである．

データフレームを作成するときは `data.frame` 関数を用いる．例として 3 行 3 列のデータフレームを作成する．このデータフレームが X，Y，Z という 3 つの変数を持つとするとき，次のように R コンソールに記述する．

```
> df1 <- data.frame( X = 1:3, Y = 4:6, Z = 7:9 )
> df1
    X   Y   Z
1   1   4   7
2   2   5   8
3   3   6   9
```

この X，Y，Z は引数ではなく列のラベルとなるので，好きな文字列を使用することができ，日本語を用いることも可能である．

データフレームを作成するには行列をデータフレームに変換するという方法もある．このときは `as.data.frame` 関数を用いる．3 行 3 列の行列である M3 を df2 というデータフレームに変換する．

```
> M3 <- matrix( 1:9, nrow = 3, ncol = 3 )
> df2 <- as.data.frame( M3 )
> df2
    V1  V2  V3
1   1   4   7
2   2   5   8
3   3   6   9
```

先に述べたように，データフレームに文字列の要素が 1 つでも含まれると，その列のすべての要素が文字列として扱われる．文字列の要素を持つデータフレームは次のように作成する．

```
> df3 <- data.frame( X = 1:3, Y = 4:6, Z = c( "a", 8, 9 ) )
> df3
    X   Y   Z
1   1   4   a
2   2   5   8
3   3   6   9
> df3[ , 3 ]
[1] "a"   "8"   "9"
```

　一見すると 8 と 9 は数値であるように思われるが，df3 の 3 列目を抽出すると 8 と 9 にダブルクォーテーションが付いており，文字列であることが分かる．

▌データフレームの操作▐

　データフレームにおける抽出，削除，置換は行列と同様である．また，data.frame 関数では列にラベルを付けることができたが，これはデータフレームを作成した後で行うこともできる．列ラベルを付ける，あるいは既にある列ラベルを変更するときには colnames という関数を使用する．先ほど作成した df1 の列ラベルを大文字のアルファベットから小文字のアルファベットに変更する．

```
1  > colnames( d1 ) <- c( "x", "y", "z")
2  > df1
3       x   y   z
4  1    1   4   7
5  2    2   5   8
6  3    3   6   9
```

　次に，df1 には行ラベルが付いていないため，rownames 関数を用いて行ラベルを付ける．

```
1  > rownames( df1 ) <- c( "A", "B", "C" )
2  > df1
3       x   y   z
4  A    1   4   7
5  B    2   5   8
6  C    3   6   9
```

　これらの colnames 関数と rownames 関数はデータフレームだけではなく行列に対しても行うことができる．

　行列やデータフレームを対象に演算やデータの加工を行うときに，行と列を入れ替えなくてはならないことがある．このような操作を転置という．転置を行うときには t という関数を用いる．

```
1  > df1 <- data.frame( X = 1:3, Y = 4:6, Z = 7:9 )
2  > rownames( df1 ) <- c( "A", "B", "C" )
3  > df1
```

```
 4        X    Y    Z
 5  A     1    4    7
 6  B     2    5    8
 7  C     3    6    9
 8  > df2 <- t( df1 )
 9  > df2
10        A    B    C
11  X     1    2    3
12  Y     4    5    6
13  Z     7    8    9
```

■クロス集計■

　クロス表を作成するにはデータフレームに対して行う方法とベクトルに対して行う方法がある．R ではどちらも table 関数を用いる．初めに，データフレームに対するクロス集計から行う．例として，4 人の調査対象者に 2 問の質問を行ったデータを考える．まず，4 人の回答を記録したデータフレームを作成し，次に table を用いてクロス集計を行う．

```
 1  df4 <- data.frame( Q1 = c( "yes", "no", "yes", "no" ), Q2 = c(
        "yes", "yes", "yes", "no" ) )
 2  df4
 3      Q1   Q2
 4  1  yes  yes
 5  2   no  yes
 6  3  yes  yes
 7  4   no   no
 8
 9  tab1 <- table( df4 )
10  tab1
11        Q2
12  Q1    no  yes
13    no   1    1
14    yes  0    2
```

　次に，データフレームを作成せずにベクトルからクロス表を作成する．q1 と q2 のような 2 つのベクトルを作成する．q1 と q2 は df4 の 1 列目と 2 列目と同一である．この 2 つのベクトルに対して table 関数を用いる．

```
1  q1 <- c( "yes", "no", "yes", "no" )
2  q2 <- c( "yes", "yes", "yes", "no" )
3  tab2 <- table( q1, q2 )
4  tab2
5         q2
6  q1    no   yes
7    no   1    1
8    yes  0    2
```

中心傾向の尺度

中心傾向の尺度には平均値，中央値，最頻値があった．ここでは R でのこれらの統計量の求め方を採り上げる．平均値を求めるには mean，中央値を求めるには median，最頻値には table を用いる．最頻値を求めるときに使用する table はクロス集計を行った関数と同じ関数である．

```
1  x <- c( 10, 10, 15, 20, 20, 20, 30, 100 )
2  mean(x)
3  [1]  28.125
4  median(x)
5  [1]  20
6  table(x)
7  x
8   10  15  20  30  100
9    2   1   3   1    1
```

ただし，table 関数の出力結果は最頻値のみが与えられるのではなく，ベクトル x を構成する要素の頻度が求められる．よって，x の最頻値は 20 であることが出力結果から分かる．

散らばりの尺度

散らばりの尺度には範囲，分散，標準偏差があった．範囲を求めるには最大値と最小値を求める必要があることから，ここでは最大値と最小値の求め方も採り上げる．最大値は max，最小値は min によって求められ，範囲は最大値と最小値の差である．分散は var，標準偏差は sd という関数によって求められる．R では var と sd を使用すると不偏分散，不偏標準偏差が計算される．

```
1  x <- c( 10, 10, 15, 20, 20, 20, 30, 100 )
2  max(x)
3  [1]   100
4  min(x)
5  [1]   10
6  var(x)
7  [1]   885.2679
8  sd(x)
9  [1]   29.75345
```

▌相関▌

　2つの変数の関係をあらわす統計量は共分散と相関係数である．共分散は cov という関数を，相関係数は cor という関数を使って求めることができる．

```
1  x <- c( 10, 10, 15, 20, 20, 20, 30, 100 )
2  y <- c( 7, 8, 12, 15, 14, 14, 22, 35)
3  cov(x, y)
4  [1]   254.0179
5  cor(x, y)
6  [1]   0.9487074
```

　また，共分散と相関係数はベクトルだけではなく行列やデータフレームを対象としても求められる．共分散は cov だけではなく分散を求めるときに使用した var を使用して求めることが可能である．

```
1   df5 <- data.frame(x, y)
2   df5
3       x   y
4   1   10   7
5   2   10   8
6   3   15  12
7   4   20  15
8   5   20  14
9   6   20  14
10  7   30  22
11  8  100  35
12  cov(df5)
13           x           y
```

```
14  x   885.2679    254.01786
15  y   254.0179     80.98214
16  var(df5)
17          x           y
18  x   885.2679    254.01786
19  y   254.0179     80.98214
```

　このように，cov や var によって求められた2行2列の行列の x と y が交わるところが x と y の共分散になる．対角成分はそれぞれ x の分散と y の分散になる．また，相関係数についても同様で，x と y が交わるところが x と y の相関係数になる．

```
1  cor(df5)
2          x           y
3  x   1.0000000   0.9487074
4  y   0.9487074   1.0000000
```

データの可視化

データ分析の最初の段階で，データをグラフとして可視化し視覚的にデータの構造を把握することがその後のデータ分析を進める上で非常に重要なことである．本章において採り上げるグラフは棒グラフ，帯グラフ，円グラフ，折れ線グラフ，箱ひげ図，ヒストグラムである．このうち，棒グラフ，帯グラフ，円グラフは質的なデータを可視化するときに使用するグラフである．棒グラフは頻度を，帯グラフと円グラフは割合を可視化するのに適している．量的なデータの可視化に適したグラフは折れ線グラフ，ヒストグラム，箱ひげ図である．なかでも，折れ線グラフは刻一刻と変化するデータの可視化のために使用される．

グラフによる可視化は簡単なことだと思われがちであるが，グラフからデータについて重大な示唆を得ることは少なくない．また，それぞれのグラフには適不適があり，可視化の際にこれを見きわめることも重要である．本章ではこれらについてグラフごとに概観する．

3.1　棒グラフと帯グラフ

棒グラフは頻繁に使用されるグラフの1つであり，棒の長さによって項目別のデータの値をあらわしたグラフである．棒を縦に伸ばす縦棒のグラフが一般的ではあるが，横棒の棒グラフが使用されることも少なくない．棒グラフによる可視化を理解するために，表3.1のようなデータを用意した．これは関東1都6県における小学校の児童数のデータであり，1列目は男女の合計児童数，2

表 3.1　関東 1 都 6 県の小学生のデータ

	児童数	男子児童数	女子児童数
茨城県	140000	71000	69000
栃木県	97000	50000	47000
群馬県	96000	49000	47000
埼玉県	370000	187000	183000
千葉県	310000	160000	150000
東京都	640000	326000	314000
神奈川県	460000	233000	227000

列目は男子の児童数，3 列目は女子の児童数である．

　図 3.1 は標準的な棒グラフであり，これは男女の合計児童数を可視化したグラフである．また，各行に男子の児童数と女子の児童数というような複数の数値を持ち，これを可視化したいときは複数の棒を横に並べる図 3.2 のような複数系列の棒グラフが使用される．あるいは，横に並べた棒グラフを縦に積み上げることで作図される図 3.3 のような積み上げ棒グラフが使用される．このように棒グラフでは複数のデータを 1 つのグラフで表現することもできる．

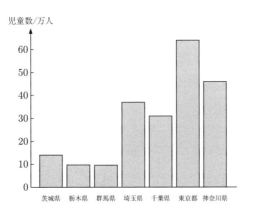

図 3.1　棒グラフの例

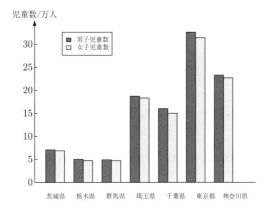

図 3.2 複数系列の棒グラフ

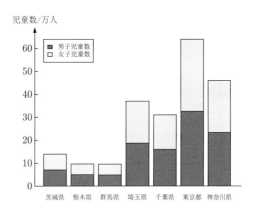

図 3.3 積み上げ棒グラフ

　積み上げ棒グラフに似たグラフとして帯グラフがある．積み上げ棒グラフは頻度を可視化する際に使用されることが多いが，帯グラフは各項目における割合，すなわちデータの構成比を可視化する際に使用されるグラフである．なお，帯グラフでは図 3.4 のように横棒を用いて作図されることが多い．

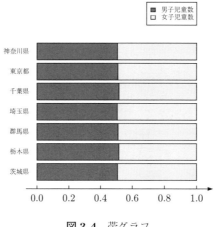

図 3.4 帯グラフ

3.2 円グラフ

円グラフも帯グラフと同様にデータの構成比を表現するグラフである．図3.5 は表 3.1 の茨城県のデータの可視化である．円グラフは面積を 1，あるいは 100 とした円に対し，各項目の占める割合を面積としてあらわしたグラフである．円グラフはあらゆる場面で使用され，非常によく目にするグラフである．

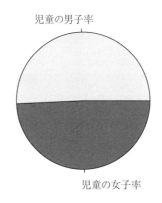

図 3.5 円グラフ

しかし，円グラフの使用には注意が必要である．まず，1つの円グラフの中に項目が多くなる場合，円グラフでデータを可視化することは可能な限り避けた方がよい．これは，2つの項目の割合が近い値になったときに，帯グラフで

はその相違を容易に認識することができることに対して，人間の目は円形の面積の相違を容易に認識できず，円グラフではわずかな相違を認識することが難しいからである．実際，図 3.5 は 2 つの項目の割合に大きな差がないため，凝視しなければどちらが 50％ を上回っているのか判断できない．よって，円グラフは性別や Yes/No といった項目が少なく，割合に偏りが認められる場合の可視化に適したグラフである．

　次に，図 3.4 のように棒グラフでは 1 都 6 県のすべてを可視化できたが，円グラフでは 1 つの行のデータしか表現できない．上述したように 1 つのグラフ内における項目間の比較が難しいのと同様に，グラフ間の比較も容易ではない．割合を可視化するときには棒グラフや帯グラフで可視化するべきである．

3.3　折れ線グラフ

　折れ線グラフは単純に線グラフともいわれる．折れ線グラフはこれまでのグラフと異なり，時間経過に伴い数値が変化するデータの可視化に適している．表 3.2 のような人口推移データを可視化すると図 3.6 および図 3.7 のようになる．折れ線グラフは横軸が主に時間軸となり，目盛りは必ず等間隔でなくてはならない．

表 3.2　架空の人口推移データ

西暦	人口
2010	128060000
2011	127800000
2012	127600000
2013	127500000
2014	127240000
2015	127100000

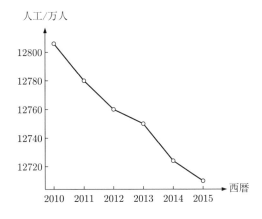

図 3.6　原点を含まない折れ線グラフ

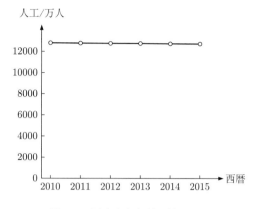

図 3.7　原点を含む折れ線グラフ

　また，折れ線グラフを作成するときには，縦軸に原点を含めるか否か慎重に検討しなくてはならない．図 3.6 は原点を含んでおらず，図 3.7 は原点を含んでいる．2 つのグラフでは随分と印象が異なることが分かる．表 3.2 のデータのような急増も急減もせず，非常に大きな数値が並ぶデータを可視化するとき，縦軸に原点を含めると数値がどのように変化しているのか一見しただけでは認識しがたく，反対に縦軸に原点を含めずに可視化すると，実際には少ししか数値が変動していなくても大きく数値が変動しているように見えてしまう．このため，可視化する目的に応じ，データの特徴をよく吟味しグラフを描く必要がある．

3.4　ヒストグラム

　棒グラフ，帯グラフ，円グラフは項目別の頻度や割合を可視化するグラフであり，質的なデータの可視化に適している．それに対し，連続的な値をとる量的なデータでは同じ数値がほとんど出現しないことから，データの可視化に棒グラフなどは適していない．

　そこで，量的なデータの全体の様相，つまりデータの分布を理解するために度数分布表を作成する．度数分布表とは観測値をいくつかのグループに分け，そのグループに含まれる度数，累積度数，相対度数，累積相対度数を求めた表である．このグループのことを階級，階級の区間のことを階級幅，階級の個数を階級数という．階級の区間は観測値の最小値が最初の階級，最大値が最後の

区間に含まれるように決定する必要がある．また，累積度数は小さい階級から度数を合計して求められる観測値の個数であり，相対度数は各階級の度数に対する割合であり，累積相対度数は小さい階級から相対度数を合計して求められる値である．

　この度数分布表における度数を棒グラフで表現したグラフがヒストグラムである．ただし，ヒストグラムでは横軸がカテゴリではなく連続型のデータを対象とすることから，一般的な棒グラフとは異なり図3.8のように隙間なく棒を並べる．また，図中の棒はビンと呼ばれる．

表 3.3　度数分布表の例

階級	度数	累積度数	相対度数	累積相対度数
0 以上 2 未満	1	1	0.05	0.05
2 以上 4 未満	7	8	0.35	0.40
4 以上 6 未満	4	12	0.20	0.60
6 以上 8 未満	3	15	0.15	0.75
8 以上 10 未満	2	17	0.10	0.85
10 以上 12 未満	1	18	0.05	0.90
12 以上 14 未満	2	20	0.10	1.00

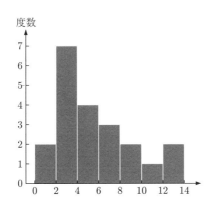

図 3.8　ヒストグラムの例

3.5　箱ひげ図

　ヒストグラムと同様に量的なデータの可視化に適しているグラフに箱ひげ図があり，箱ひげ図もデータの分布をあらわすグラフである．箱ひげ図はその名前の通り，箱とひげの2つによって構成され，データを昇順にソートしたときの25％点，75％点が図中の箱の下底と上底に対応する．また，箱の中にある線は50％点，すなわち中央値に対応している．また，ひげの端はデータの最小値と最大値をあらわしている．ただし，ひげの長さは箱の長さの1.5倍を上限とすることが慣例となっており，このように定められたひげの長さに含まれない観測値は外れ値とされる．

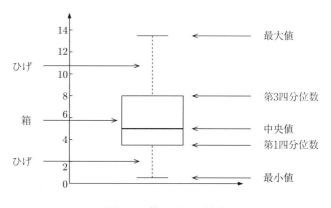

図 3.9　箱ひげ図の説明

3.6　散布図

　これまで見てきたグラフはすべて1つの変数を可視化するものであった．対応のある2つの量的変数の関係を可視化する場合，散布図が用いられる．例えば，100人の体重と身長の関係を図示するとき，散布図の横軸を体重，縦軸を身長として100人分のデータに対応する点を図中に布置する．体重と身長は一般に正の相関があると予想されるが，強い正の相関があると100個の点は右上がりの直線上におおよそ並んで分布する．反対に，2つの変数に負の相関がある場合は右下がりの直線上に観測値が分布し，2つの変数に相関がない場合は観測値が散らばり，直線的な関係は認められない．

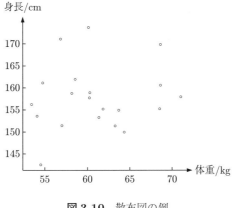

図 3.10　散布図の例

3.7　Rによる実践

　Rは容易にグラフを作図できるプログラミング言語である．本章で採り上げた棒グラフから散布図までのグラフの作成方法を順に概観する．

▐　**棒グラフ**　▐

　図3.1は架空の関東1都6県における小学校の児童数のデータを可視化した棒グラフである．まず，表3.1のデータをR上で作成する．表3.1のデータはこれ以降のグラフを可視化する際にも使用するので，テキストファイルとして保存することを推奨する．

```
1  > x1 <- c(140000, 97000, 96000, 370000, 310000, 640000, 460000)
2  > x2 <- c(71000, 50000, 49000, 187000, 160000, 326000, 233000)
3  > x3 <- c(69000, 47000, 47000, 183000, 150000, 314000, 227000)
4  > data1 <- data.frame( 児童数 = x1, 男子児童数 = x2, 女子児童数 =
       x3 )
5  > rownames( data1 ) <- c( "茨城県", "栃木県", "群馬県", "埼玉県",
       "千葉県", "東京都", "神奈川県" )
```

　表3.1のデータを data1 というオブジェクトに代入した．このオブジェクトを用いて棒グラフを作成する．ただし，data1 をこのまま用いるのではなく，行列を転置した方が簡単に棒グラフを作成できるため，次の命令文で転置を行う．転置を行うには関数 t を用いる．

```
1 > data2 <- t( data1 )
```

棒グラフを作成する関数は barplot であり，図 3.1 で可視化した変数は男女の合計児童数であるので，表 3.1 の 1 列目を指定する．ただし，行列を転置しているため，以下の命令文では data2 の 1 行目を指定する．

```
1 > barplot( data2[1, ] )
```

以上により，図 3.1 と同じグラフが作成されることが分かる．

▍複数系列の棒グラフと積み上げ棒グラフ ▍

複数系列の棒グラフを作成するときも関数 barplot を使用する．ただし，引数 beside で TRUE を指定する．複数系列の棒グラフを作成すると男子の児童数が黒い棒，女子の児童数は灰色の棒で表現される．この色分けはグラフに凡例を付けなければ分からない．そこで，legend という引数を TRUE とすることで，凡例を付ける．また，凡例は棒グラフに重複してしまうこともあるため，引数 args.legend で凡例の位置を指定する．図 3.2 では図中の左上に凡例を表示しているが，例えば凡例を右上に表示する場合は topright と記述する．

```
1 > barplot( data2[2:3, ], beside = TRUE, legend = TRUE, args.leg
    end = list( x = "topleft" ) )
```

関数 barplot の引数 beside はデフォルトでは FALSE となっており，TRUE としなかった場合は積み上げ棒グラフが作成される．凡例の指定の仕方は複数系列の棒グラフと同様である．

```
1 > barplot( data2[2:3, ], legend = TRUE, args.legend = list( x =
    "topleft" ) )
```

▍帯グラフ ▍

帯グラフは頻度をあらわすグラフではなく，割合をあらわすグラフである．そこで，表 3.1 を割合のデータに加工する必要がある．次の命令文で男子の児童数と女子の児童数をそれぞれ合計児童数で割ったデータフレームを作成する．

```
1 > data3 <- data.frame( 児童の男子率 = x2 / x1, 児童の女子率 = x3
    / x1 )
```

```
2  > rownames( data3 ) <- c( "茨城県", "栃木県", "群馬県", "埼玉県",
       "千葉県", "東京都", "神奈川県" )
3  > data4 <- t( data3 )
```

　帯グラフを作成するときも関数 barplot を使用する．引数 horiz で TRUE
を指定することで縦棒ではなく横棒のグラフが作成される．凡例に関しては他
のグラフと同様である．

```
1  > barplot( data4, horiz = TRUE, legend = TRUE )
```

円グラフ

　表 3.1 のデータを割合に直したデータを使用して円グラフを作成する．ただ
し，円グラフは帯グラフと異なり，すべてのデータを 1 度に可視化することは
できないため，茨城県のデータのみを円グラフにする．円グラフを作成する関
数は pie である．

```
1  > pie( data4[, 1] )
```

折れ線グラフ

　まず，表 3.2 のデータを次の命令文で作成する．

```
1  > x4 <- 2010:2015
2  > x5 <- c( 128060000, 127800000, 127600000, 127500000,
       127240000, 127100000 )
3  > data5 <- data.frame( 西暦 = x4, 人口 = x5 )
```

　折れ線グラフを作成する関数は plot である．関数 plot は散布図を作成す
るときに使用する関数であるが，様々な場面で使用される関数で，これから
も何度も登場する重要な関数である．折れ線グラフを作成するときには引数
type を "o" としなくてはならない．

```
1  > plot( data5, type = "o" )
```

　このグラフは図 3.6 と同一のグラフである．図 3.7 のように原点を含めたグ
ラフを作成するには，次のように ylim という引数で縦軸の表示する範囲を指
定する必要がある．

```
1 > plot( data5, type = "o", ylim = c( 0, 130000000 ) )
```

■ヒストグラム■

ここでは，パッケージ mclust にある banknote というデータを使用してヒストグラムを作成する．これはスイスの紙幣の計測データであり，1 つの質的変数と 6 つの量的変数で構成されている．ここでは紙幣の長さを計測した Length という変数について，次のようにヒストグラムを作成する．ヒストグラムを描くには hist という関数を使用する．

```
1 > hist( banknote$Length )
```

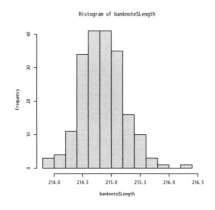

図 3.11　banknote のヒストグラム

なお，ヒストグラムの階級は自動で決定されるが，自身が階級を設定したいときは breaks という引数で指定する．

■箱ひげ図■

ヒストグラムと同様に banknote を使用して箱ひげ図を作成する．箱ひげ図を作成する関数は boxplot である．ヒストグラムでは Length という変数を用いたが，箱ひげ図では Diagonal という変数を用いる．Diagonal は紙幣の対角線の長さを計測した変数である．

```
1 > boxplot( banknote$Diagonal )
```

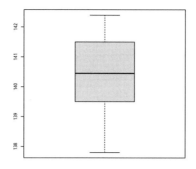

図 3.12 banknote の箱ひげ図

また，この **banknote** というデータはケース数が 200 件あるが，このうち 100 件は真札のデータ，もう 100 件は偽札のデータである．質的な変数である **Status** には **genuine** と **counterfeit** という 2 つの因子があり，**genuine** が真札を，**counterfeit** が偽札を意味している．ここで，次の命令文で，真札と偽札のそれぞれに箱ひげ図を作成する．

```
1  > boxplot( Diagonal ~ Status, data = banknote )
```

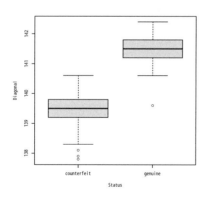

図 3.13 真札と偽札に分類した banknote の箱ひげ図

偽札の対角線の長さは真札に比べて短い傾向があることが図 3.13 から分かる．つまり，真札と偽札ではデータの分布が顕著に相違していることが箱ひげ図より明らかである．なお，ひげの外にある点は外れ値である．

■**散布図**■

　先にふれたように，散布図を作成する関数は plot である．ヒストグラムや箱ひげ図と同様に banknote について散布図を作成する．ここでは banknote の 3 列目と 4 列目の紙幣の左端と右端を計測した変数である Left と Right を用いる．散布図を描くには次のような命令文を実行する．

```
1 > plot( banknote[, 3:4] )
```

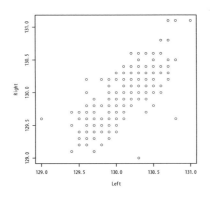

図 3.14　banknote の左端と右端の長さの散布図

　図 3.14 から Left と Right という変数は，正の相関があることが推測される．実際に，Left と Right の相関係数を求めると 0.74 であり，十分に強い正の相関が認められた．このように，可視化することでデータの特徴を直感的に理解できる形式で示すことができる．

推定

　国政調査のように調査対象が大規模であるとき，その集団に含まれるすべての個体を調査することは簡単ではない．このような場合に，対象となる集団からいくつかの個体を抽出し，これらの個体を調査する．調査対象として想定される集団を母集団といい，母集団から抽出された個体を標本という．統計学やデータサイエンスでは，標本を調査することで母集団の特徴を明らかにするのである．

　母集団から標本抽出を繰り返し，その度に平均値などの統計量を求めても，母集団の統計量と標本の統計量が合致することは稀である．そこで，統計学やデータサイエンスでは1つの値で母集団の統計量を推定するのではなく，母集団の統計量が確率的に含まれるであろう区間を推定する．このような推定を区間推定という．本章ではまず標本抽出の方法を概観し，その後に区間推定について述べる．

4.1　母集団と標本

　分析や調査の対象となる要素の全体集合を母集団といい，母集団のすべてを調査することを全数調査あるいは悉皆調査という．代表的な全数調査として国勢調査がある．母集団が非常に大規模である場合，全数調査には膨大な手間と費用がかかる．そのため，国勢調査は5年に1度しか行われない．そこで，全数調査が困難であるときは標本調査を行う．標本とは母集団から抽出された要素によって構成される部分集合のことである．標本調査では標本から求められ

た統計量から母集団の統計量の推定を行う.

　推定について解説する前に，母集団の統計量と標本の統計量を簡単にまとめ
たい．代表的な母集団の統計量に母平均と母分散がある．母平均は母集団の平
均値のことであり，ギリシャ文字の μ であらわされる．また，式 (4.1) の N は
母集団を構成する要素の総数である．以降の式においても N は母集団の要素
数をあらわす.

$$\mu = \frac{\sum\limits_{i=1}^{N} x_i}{N} \tag{4.1}$$

母分散は母集団の分散のことであり，第 2 章で述べたようにギリシャ文字の σ^2
であらわされる．なお，σ は母集団の標準偏差，つまり母標準偏差を意味する.

$$\sigma^2 = \frac{\sum\limits_{i=1}^{N} (x_i - \mu)^2}{N} \tag{4.2}$$

母平均，母分散などの母集団の統計量は母数と称される.

　母集団の平均値，分散，標準偏差を求めたように，標本に対しても平均値，
分散，標準偏差を求める．標本から求められた平均値は標本平均と呼ばれ，次
の式で求められる.

$$\overline{x} = \frac{\sum\limits_{i=1}^{n} x_i}{n} \tag{4.3}$$

次に，第 2 章で述べたように不偏分散は次の式で求められる.

$$s^2 = \frac{\sum\limits_{i=1}^{n} (x_i - \overline{x})^2}{n - 1} \tag{4.4}$$

　また，1 つの標本に含まれる要素の数を標本の大きさ，あるいは標本サイズ
という．標本の大きさは式 (4.3) や式 (4.4) における n のことである．標本抽
出では大きさが n である標本を繰り返し抽出することがある．大きさが n の標
本を k 回繰り返し抽出したとすると，このときの k を標本数という.

4.2　標本抽出の方法

　推定では標本から母集団の統計量を推測することから，標本の抽出方法が非
常に重要になる．すなわち，標本を抽出するときには標本は母集団の縮図とな

るようにしなくてはならない．標本の抽出方法はいくつも提案されているが，それらは有意選出と無作為抽出の 2 つに大別される．

　有意選出は有意抽出とも称される．有意選出の代表的な手法として，典型法と割り当て法がある．典型法はあらかじめ設定した母集団の典型的な要素を標本として選択する方法である．ただし，何をもって「典型」とするかが調査者の主観になるという欠点がある．次に，割り当て法は標本と母集団の性別や年齢層などの属性の構成比が等しくなるように標本を抽出する方法である．つまり，標本が母集団の縮図になるよう調整するのである．よって，事前に想定していなかった属性による影響を分析できないという欠点がある．このように，有意選出とはなにかしらの意図を持って非確率的に標本を抽出する方法であり，そのため標本に生じるバイアスを排除できないという問題を有する．

　これに対して，無作為抽出とは確率的に標本を抽出する方法であり，有意選出に比べて標本にバイアスが生じにくいとされる．それゆえ，標本抽出を行う際には，有意選出ではなく無作為抽出の方法を用いることが強く推奨される．代表的な無作為選出の方法として，単純無作為抽出，系統抽出，層別抽出，多段抽出などがある．

　まず，単純無作為抽出とは母集団を構成するすべての要素の抽出される確率が等しくなるようにし，無作為に標本を抽出する方法のことである．

　次に，系統抽出とは母集団を構成するすべての要素に通し番号を付与し，無作為に 1 つの要素を選び，その要素から等間隔で標本を抽出する方法である．例として，100 人の母集団から標本として 20 人を抽出する場合を考える．最初に母集団である 100 人に 1 番から 100 番までの通し番号を付与し，1 から 5 までの通し番号の中から無作為に 1 つ選択し，その番号から 5 刻みで 20 個の要素を抽出するという方法である．ただし，通し番号の配列に周期性がある場合は標本にバイアスが生じることがあるため，系統抽出ではなく単純無作為抽出などの他の方法を用いるべきである．

　層別抽出とは母集団をいくつかの層に分割し，標本における各層の比率が母集団における各層の比率と等しくなるように要素を抽出する方法である．例えば，日本人を母集団とし，標本として 1000 人を抽出するとき，単純無作為抽出を行うと特定の地域に住む人が偏って多く抽出されるという問題が生じる可能性がある．このようなバイアスを回避するために，層別抽出ではまず日本を

北海道，東北，関東，中部，近畿，中国・四国，九州の 7 つの層に分割する．
次に，各層の人口比率と等しくなるように各層から合計 1000 人を標本として
抽出する．

　最後に，多段抽出とは母集団をいくつかのグループに分割し，まず無作為に
グループを抽出し，その後に抽出されたグループから無作為に要素を抽出し，
標本とするという手法である．すなわち，段階的に標本抽出を行う方法である．
層別抽出と同様に日本人を母集団とし，標本として 1000 人を抽出する場合を
例に考える．まず，全国の市区町村を無作為にいくつか抽出し，それらの市区
町村から標本として 1000 人を抽出するという方法である．層別抽出ではすべ
ての層から標本を抽出したが，多段抽出ではすべてのグループから標本を抽出
する訳ではない．したがって，多段抽出はバイアスの生じる可能性があること
を留意しなくてはならない．

4.3　確率変数

　無作為抽出に基づく標本抽出を繰り返し行うと，抽出を行うたびに標本を構
成する要素はおよそ同一にならない．したがって，ある標本から平均を求める
と母平均に近い値が得られることもあるが，反対に別の標本から平均を求める
と母平均から遠い値が得られることもある．つまり，標本平均は標本抽出を行
う度に異なることになる．

　しかし，標本抽出を繰り返して標本平均を求めると，母平均に近い値が得ら
れる確率が高く，母平均から遠い値が得られる確率は低いということは想像に
難くない．このように，取りうる値とその値が生起する確率が決まっている変
数のことを確率変数という．

　1 つのサイコロを振ったときに出る目は確率変数の典型的な例である．標準
的なサイコロは 6 つの面に 1 から 6 の数字が割り当てられており，サイコロを
振ったとき，それぞれの数字が出る確率は 1/6 である．すなわち，サイコロに
は 1 から 6 の取り得る値があり，それらの値が生起する確率は 1/6 と決まって
いるといえる．

4.4　確率分布

第3章ではヒストグラムを用いて量的変数の分布を可視化するときに度数分布表を作成した．確率変数を図示するときにも同様に確率分布表を作成することがある．先のサイコロを例に確率分布表を作成すると表 4.1 のようになる．

表 4.1　サイコロの目の確率分布表

確率変数	1	2	3	4	5	6
確率	$\frac{1}{6}$	$\frac{1}{6}$	$\frac{1}{6}$	$\frac{1}{6}$	$\frac{1}{6}$	$\frac{1}{6}$

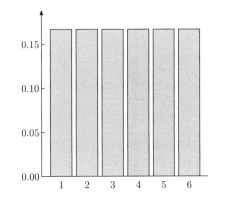

図 4.1　サイコロの目の確率分布

表 4.1 のような確率分布表を可視化すると図 4.1 のグラフが得られる．このグラフが確率分布である．図 4.1 における横軸は確率変数，縦軸が確率である．よって，図 4.1 におけるすべての棒の高さを合計すると 1 となる．また，サイコロの出る目は離散型データであるので，図 4.1 は離散型の確率分布である．

先にも述べたように，身長や体重などのような連続変数を調査するとき，標本を繰り返し抽出すると，標本平均は母平均に近い値が得られる確率が高く，母平均から遠い値が得られる確率が低いことが予想される．つまり，連続型データの標本平均も確率変数である．しかし，連続型データの場合，サイコロの目のように常に整数値を取るわけではないため，確率変数のすべての値に対応する確率を示すことができない．そこで，連続型データの確率分布では横軸を確率変数，縦軸を確率密度とする．図 4.2 が連続型データの確率分布の例で

あり，図中の曲線は確率密度関数と呼ばれる．連続型データの確率分布では，確率密度関数の内側の面積が1となる．すなわち，離散型データでは縦軸の高さが確率をあらわしているのに対し，連続型データでは面積が確率をあらわしている．このように，ある区間の確率密度関数の内側の面積を求めたときに，その区間の値の出る確率となるものが確率密度である．

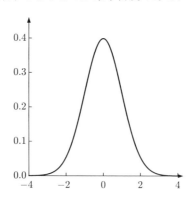

図 4.2　連続変数の確率分布の例

　確率分布には様々な種類があり，図 4.1 のような確率変数のすべての取りうる値の確率が等しい確率分布を一様分布という．一様分布の他に代表的な離散変数の確率分布として二項分布がある．二項分布はベルヌーイ試行を繰り返し行ったときの成功回数の確率分布である．ベルヌーイ試行とは，結果が2つしかなく，なおかつ得られた結果が次の結果に影響を与えない試行のことである．

　ベルヌーイ試行の典型的な例はコイントスである．コイントスを行ったときに表が出ると成功，裏が出ると失敗とすると，コイントスを1回行ったときの成功回数は0か1であり，それぞれが生起する確率はどちらも $1/2 = 0.5$ である．次に，コイントスを2回行ったときを考えると，成功回数は0から2までのいずれかの値となる．成功回数が0あるいは2となる確率は $(1/2)^2 = 0.25$ であり，成功回数が1となる確率は $2 \times (1/2)^2 = 0.5$ である．コイントスを3回行うときは成功回数が0から3までの値を取る．成功回数が0あるいは3となる確率は $(1/2)^3 = 0.125$ であり，成功回数が1あるいは2となる確率は $3 \times (1/2)^3 = 0.375$ である．このように，二項分布はベルヌーイ試行を繰り返す回数 n によって確率分布の形状が変化するという性質を持っている．

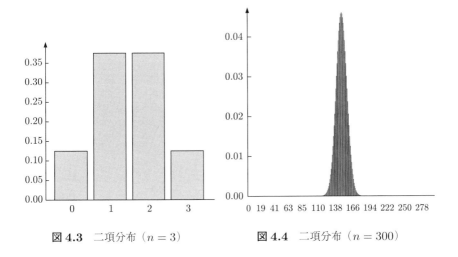

図 4.3 二項分布（$n = 3$）　　**図 4.4** 二項分布（$n = 300$）

　代表的な連続型データの確率分布には正規分布，標準正規分布，t 分布がある．ここでは正規分布と標準正規分布を採り上げる．t 分布については後述する．

　正規分布とはベルヌーイ試行を大量に繰り返したときの二項分布を近似した確率分布である．繰り返す回数を大きくすると，二項分布は図 4.4 のような左右対称の釣り鐘型になる．この釣り鐘型の確率分布を近似させた曲線が正規分布の確率密度関数である．正規分布は平均値を中心として左右対称であり，平均値，中央値，最頻値が一致するという特徴を持つ．また，正規分布は平均値と分散の 2 つの値によって曲線の形状が決定される．

　先に述べたように，連続型データの確率分布は面積が確率に対応している．例えば，正規分布では，平均値 − 標準偏差 から 平均値 ＋ 標準偏差 の区間の面積は 0.683 となり，平均値 $-2 \times$ 標準偏差 から 平均値 ＋ $2 \times$ 標準偏差 の区間の面積は 0.954 となる．これを言い換えると，分析や調査の対象となる連続型データの分布が正規分布であると見なせるのであれば，その値は 68.3 ％の確率で平均値 $\pm 1 \times$ 標準偏差 の区間に含まれ，95.4 ％の確率で平均値 $\pm 2 \times$ 標準偏差 の区間に含まれるということである．

　ただし，統計学やデータサイエンスでは 0.683 や 0.954 という確率より 0.900 や 0.950 という確率の方がよく用いられる．正規分布の面積がおよそ 0.900 となるのは平均値 $\pm 1.64 \times$ 標準偏差 の区間であり，およそ 0.950 となるのは平均値 $\pm 1.96 \times$ 標準偏差 の区間である．

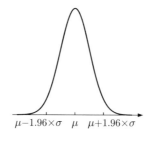

図 4.5　正規分布

　確率変数の平均値が 0，分散が 1 になるように変換することを標準化という．
この変換を行った正規分布を標準正規分布という．

$$\frac{x_i - \mu}{\sigma} \tag{4.5}$$

標準化は式 (4.5) に示したように，各観測地 (x_i) と平均 (μ) の差を標準偏差
(σ) で割ることで求められる．また，標準化によって求められた値を z 値とい
う．よって，正規分布では横軸が確率変数であるが，標準正規分布では横軸が
z 値となる．

　また，余談となるが，標準化は模擬試験などで用いられる偏差値を求めると
きに利用される．偏差値は式 (4.6) のように z 値を 10 倍し，50 を加えること
で求められる．

$$偏差値 = 10 \times \frac{x_i - \mu}{\sigma} + 50 \tag{4.6}$$

つまり，模擬試験での平均点が偏差値 50 ということになる．また，模擬試験
の得点の分布が正規分布に近似できるとすると，偏差値が 40 から 60 の区間に
全体の 68.3 ％が含まれ，偏差値が 30 から 70 の区間に全体の 95.4 ％が含まれ
る．すなわち，偏差値が 60 以上であれば上位 15.9 ％に入り，偏差値が 70 以上
であれば上位 2.3 ％に入る．なお，平均点が極端な値であれば，偏差値が 100
を上回ることや 0 を下回ることも起こりえる．

4.5　標本分布

　先に述べたように，標本抽出を大量に繰り返し，そのたびに標本平均を求め
ると，多くの標本平均は「標本平均の平均値」の付近に散らばる．すなわち，
標本平均も分布するということである．この分布を標本分布という．この標本

分布は母集団がどのような分布であっても標本が十分に大きいとき正規分布に近似できることが知られている.

また,標本平均が散らばりを持つということは,標本平均の分散や標準偏差を計算することができる.この標本平均の標準偏差のことを標準誤差という.標準誤差は母標準偏差 σ を標本の大きさ n の平方根で割った値になることが知られている.

$$\mathrm{SE} = \frac{\sigma}{\sqrt{n}} \tag{4.7}$$

このように,母平均が μ で母分散が σ^2 の母集団から大きさが n の標本を抽出すると,標本が十分に大きいとき標本平均は平均値が μ で分散が σ^2/n となる正規分布に近似できる.これを中心極限定理という.

標準誤差とよく似た用語に標本誤差がある.標本誤差とは標本から母集団の統計量を推定するときに生じる誤差のことである.つまり,平均値の標本誤差は標本平均と母平均の差ということになる.また,より大きい標本から平均を求めると,より母平均に近い値が得られやすくなる.すなわち,標本が大きければ大きいほど,標本誤差は小さくなる.これを大数の法則という.実際に,式 (4.7) で示したように,標準誤差を求める数式の分母は標本の大きさの平方根であり,標本が大きくなるほど標準誤差も小さくなる.

4.6 点推定と区間推定

何のために標本抽出を行うのかというと,標本の統計量から母集団の統計量を推定するためである.すなわち,標本の統計量である標本平均は母平均の推定値である.このように,母集団の統計量を1つの値で推定することを点推定という.

しかし,何度も繰り返し述べているように,標本平均は母平均に近い値になることもあれば,母平均から大きく外れることもある.つまり,標本平均は母集団の推定値としてどの程度信頼できるのか判断できないのである.そこで,統計学やデータサイエンスでは母集団の統計量を点ではなく幅を付けて推定する.この推定方法は区間推定と呼ばれ,標本から母集団の統計量が確率的に含まれる区間を推定する.この区間のことを信頼区間といい,この区間の両端を信頼限界という.

　区間推定を行うときは 95％信頼区間を用いることが一般的である．95％信頼区間とは 95％の確率で母集団の統計量が含まれる区間ということである．95％信頼区間の他には 90％信頼区間や 99％信頼区間が用いられる．90％信頼区間より 95％信頼区間の方が区間の幅が広く，95％信頼区間より 99％信頼区間の方が区間の幅が広くなる．

4.7　母分散が既知のときの母平均の区間推定

　中心極限定理より，標本が十分に大きいとき標本平均は平均値が μ であり分散が σ^2/n となる正規分布に従うとみなして良い．この正規分布の標準偏差は標本分布の標準誤差である．また，正規分布の性質より，平均値 $\pm 1.96 \times$ 標準偏差 の区間の面積がおよそ 0.95 になることも分かっている．したがって，以下の式 (4.8) が成り立つ．

$$\mu - 1.96 \times \frac{\sigma}{\sqrt{n}} \leq \overline{x} \leq \mu + 1.96 \times \frac{\sigma}{\sqrt{n}} \tag{4.8}$$

式 (4.8) を次のように変形できる．

$$\overline{x} - 1.96 \times \frac{\sigma}{\sqrt{n}} \leq \mu \leq \overline{x} + 1.96 \times \frac{\sigma}{\sqrt{n}} \tag{4.9}$$

これが標本平均から推定される母平均の 95％信頼区間である．90％信頼区間を求めるのであれば，信頼限界を求めるときに 1.96 ではなく 1.64 を用い，99％信頼区間を求めるのであれば，1.96 の代わりに 2.58 を用いる．

　ただし，ここで留意しなくてはいけないことは，母分散が既知でないと母平均の信頼区間を推定できないということである．母平均が未知でありながら，母分散が既知ということは極めて稀である．古くは，標本が十分に大きいときに，不偏分散を母分散として代用して母平均の区間推定を行っていた．標本の大きさが 25 以上であれば，標本が十分に大きいと判断される．

　また，信頼区間を求めるときにはじめに標本平均の標準化を行ってもよい．標本平均の z 値は次のようになる．

$$z = \frac{\overline{x} - \mu}{\sigma/\sqrt{n}} \tag{4.10}$$

このとき，z は標準正規分布に従う．標準正規分布は平均が 0，分散が 1 であるので，95％信頼区間を求めるときに以下の式が成り立つ．

$$-1.96 \leq \frac{\overline{x} - \mu}{\sigma/\sqrt{n}} \leq 1.96 \tag{4.11}$$

z 値は偏差を標準偏差で割った値である．すなわち，式 (4.11) を変形すると式 (4.10) になる．

4.8 母分散が未知のときの母平均の区間推定

正規分布あるいは標準正規分布を仮定し，標本平均から母平均を推定するのであれば，母分散が既知でなくてはならない．これについては，すでに述べたように，標本が十分に大きければ母分散の代わりに不偏分散を代用できる．しかし，これには 2 つの現実的な問題がある．1 つは標本の大きさが 24 以下のときは不偏分散を代用できず区間推定を行えないということ．もう 1 つは標本の大きさが 25 以上のときに不偏分散を代用しても，不偏分散と母分散は同じ値ではないため，区間推定に誤差が生じている可能性があるということである．

そこで，統計学やデータサイエンスでは母分散が未知であるとき，あるいは標本の大きさが十分に大きくないときに，正規分布ではなく t 分布と呼ばれる確率分布を仮定して母平均の区間推定を行う．この t 分布とは t 値という統計量が従う確率分布であり，t 値は次の式で求められる．

$$t = \frac{\overline{x} - \mu}{s/\sqrt{n}} \tag{4.12}$$

式 (4.12) の s は標準偏差である．また，t 分布は自由度というパラメータをもち，自由度によって分布の形状が異なる確率分布である．自由度が十分に大きいときに t 分布は標準正規分布に近似できる．式 (4.12) の t は自由度 $n-1$ の t 分布に従う．

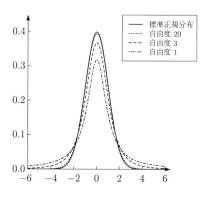

図 4.6 t 分布

このように，母分散が未知であっても t 分布を用いることで母平均の区間推定が可能となる．また，標本が十分に大きいときであっても正規分布ではなく t 分布を仮定して母平均の区間推定を行うことが多い．

なお，余談であるが，この t 分布を発見したのはイギリスの統計学者ウィリアム・ゴセット（1876-1937）であり，ゴセットが t 分布に関する論文を発表したのは 1908 年である．正規分布を発見したのはフランスの数学者であるアブラーム・ド・モアブル（1667-1754）であるとされ，t 分布が報告されるまで，母平均の区間推定を行うには標本分布に正規分布を仮定する他なかったのである．

4.9 R による実践

それでは，実際のデータを用いて信頼区間を推定する．推定がどのようなものなのか数式を見ていても直感的に理解しがたいかもしれないが，実例を踏まえて信頼区間を推定するとどのようなことが行われているのか分かりやすくなる．

▌母分散が既知のときの母平均の区間推定 ▌

演習で使用するデータとして第 3 章のヒストグラムを作成するときにも使用した banknote を用いる．この banknote は mclust というパッケージに含まれているデータである．よって，banknote を使用するために，まず次の命令文を実行する．

```
1  library( mclust )
2  data( banknote )
```

また，第 3 章においても述べたように，banknote は 100 件が真札（genuine），もう 100 件は偽札（counterfeit）であり，6 つの量的変数からなるデータである．そこで，本章では母平均の区間推定を行うために真札の 100 件を対象とし，Diagonal という紙幣の対角線の長さを計測した変数を用いる．

```
1  diag.g <- banknote[1:100, 7]
```

ここで，母集団の標準偏差を 0.20 とすると，真札紙幣の対角線の長さの母平均 μ の 95 ％信頼区間は次のように求められる．

```
1  m <- mean( diag.g )
2  m - 1.96 * 0.20 / sqrt(100)
3  [1] 141.4778
4  m + 1.96 * 0.20 / sqrt(100)
5  [1] 141.5562
```

よって，μ の 95％信頼区間は $141.4778 \leq \mu \leq 141.5562$ となる．

母分散が未知のときの母平均の区間推定

ここでは夏目漱石の小説を対象としたデータ分析を行う．夏目漱石の小説については以降の章でも採り上げており，その詳細については第6章を参照されたい．第4章の演習では夏目漱石の小説を手がかりに，夏目漱石の名詞の語彙量の推定を試みる．語彙の豊富さをあらわす指標は数多く提案されているが，ここでは最も単純な TTR（タイプトークン比）を用いる．

TTR は延べ語数に対する異なり語数（単語の種類の数）の割合であり，0から1までの値を取る．TTR の値が1に近ければ文中に同じ単語が出現することが少なく，語彙が豊富であると判断される．反対に，TTR の値が0に近ければ同じ単語が繰り返し用いられており，語彙が豊富ではないといえる．なお，TTR は単純な指標であるため，簡単に求めることができるが，延べ語数の多寡が TTR の値に大きな影響を与えるため，その使用には注意が必要である．

夏目漱石の小説における名詞の語彙の豊富さを求めるにあたって，『吾輩は猫である』や『坊っちゃん』などの12作品を採り上げ，TTR を求めた．これら12の TTR の値から t 分布を用いて 95％信頼区間を推定する．まずはデータの作成から始める．

```
1  TTR <- c( 0.183, 0.221, 0.267, 0.186, 0.154, 0.157, 0.151,
     0.169, 0.155, 0.142, 0.178, 0.121 )
2  Label <- c( "吾輩は猫である", "坊っちゃん", "草枕", "虞美人草", "
     坑夫", "三四郎", "それから", "門", "彼岸過迄", "行人", "道草",
     "明暗" )
3  names( TTR ) <- Label
```

t 分布を仮定した 95％信頼区間を求めるためには t.test という関数を用いる．

```
 1  t.test( TTR )
 2
 3    One Sample t-test
 4
 5  data:  x
 6  t = 15.517, df = 11, p-value = 7.974e-09
 7  alternative hypothesis: true mean is not equal to 0
 8  95 percent confidence interval:
 9   0.1490331 0.1983003
10  sample estimates:
11  mean of x
12  0.1736667
```

　上記の 95 percent confidence interval という項目に記載されている数値が 95 % 信頼区間である．したがって，夏目漱石の小説における名詞の TTR の母平均 μ の 95 % 信頼区間は $0.1490331 \leq \mu \leq 0.1983003$ となる．

検定

　推定では標本から平均値を求め，想定される母集団の平均値がどの範囲にあるのか，その確率を伴って推測した．これに対し，母集団についての仮説を立て，その仮説の真偽を統計的に検証することを検定という．手元に標本が1つあるとき，検定ではその標本が想定された母集団に属すると考えられる標本であるのか検証する．ここで立てられる仮説は例えば「標本平均と母平均は等しい」である．また，手元に標本が2つあるとき，検定ではこれら2標本の抽出元であると想定される母集団が同様であるのか検証を行う．ここでの仮説は例えば「2つの標本のそれぞれの母平均は等しい」である．

　上記の2つの仮説は，後述するようにt分布を用いて検証することができる．標本が1つのときの検定を1標本のt検定といい，標本が2つのときは2標本のt検定という．

　これらの検定は量的変数を対象とした検定であるが，この他に質的な変数を対象とする検定として独立性の検定がある．独立性の検定は質的な2つの変数に関連があるかどうかの検討を加える検定である．本章では主にこれら3つの検定を採り上げる．

5.1　1標本のt検定（ステューデントのt検定）

　1標本のt検定では，母集団の平均値が事前に設定された値と等しいか検証する．ここで検定される仮説は「母平均がある値μ_0と等しい」というものである．このような「差がない」，「違いがない」ということを主張する仮説を帰

無仮説という．その一方で，帰無仮説に反対する仮説を対立仮説といい，「母平均は μ_0 と等しくない」となる．すなわち，対立仮説は母平均が μ_0 と比べて等しいとみなせないほど大きいか小さいということを主張する仮説である．

　もし母分散が既知であるならば，標本平均の分布に正規分布を仮定できる．しかし，母分散が既知であることは稀であるため，t 値を用いて検定を行うことになる．標本から求められた母平均 μ の信頼区間に μ_0 が含まれるのであれば，母平均 μ と μ_0 は等しいと判断される．このとき，帰無仮説を棄却できない．反対に，標本から求められた母平均 μ の信頼区間に μ_0 が含まれないのであれば，母平均 μ と μ_0 は等しくないと判断される．帰無仮説が棄却される（対立仮説が採択される）．

　これが 1 標本の t 検定の考え方である．検定では帰無仮説が正しいにも関わらず，帰無仮説が棄却されてしまう確率が低くなるように設定される．この確率を有意水準という．有意水準は分析者が検定を行う前に決定しなくてはならず，慣習的に有意水準は 5 ％とされることが多い．有意水準を 5 ％とするのであれば，信頼区間は 95 ％となる．5 ％の他には有意水準に 10 ％や 1 ％が用いられることもある．なお，有意水準は α であらわされる．

　余談になるが，有意水準が 5 ％とされることが多い理由は著名な統計学者であるロナルド・フィッシャー（1890-1962）が稀なことが起きるのは 20 回中 1 回と考えたからである．したがって，有意水準を 5 ％とする数学的な根拠はない．

　第 4 章の推定において 95 ％信頼区間を求めたとき，t 分布における面積が 0.95 となる横軸の区間であった．有意水準も信頼区間と同様である．有意水準を 5 ％とするとき，t 分布において面積が 0.05 となる領域のことを棄却域という．

　棄却域は t 分布の両側に設定される場合と片側に設定される場合がある．棄却域を t 分布の片側に設定する検定を片側検定といい，棄却域を t 分布の右側あるいは左側のいずれかに設定する．また，棄却域を t 分布の両側に設定する検定を両側検定といい，面積の等しい棄却域を t 分布の左右に設定する．両側検定では，左右の 2 つの棄却域の面積の和が有意水準と一致する．したがって，標本平均から求められる t 値が棄却域にある場合，帰無仮説は棄却される．

　ここで 1 つ留意すべきことがある．1 標本の t 検定の帰無仮説は「母平均 μ

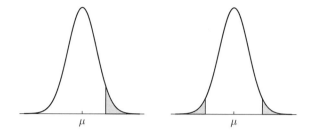

図 5.1　片側検定の棄却域と両側検定の棄却域

は μ_0 と等しい」であり，対立仮説は「母平均 μ は μ_0 と等しくない」であると
先に述べたが，この対立仮説は両側検定のときの仮説である．片側検定のとき
は棄却域の設定の仕方によって対立仮説も異なる．棄却域を t 分布の右側に設
定すると，対立仮説は「μ は μ_0 より大きい」となり，棄却域を t 分布の左側に
設定すると，対立仮説は「μ は μ_0 より小さい」となる．なお，一般に事前に何
かしらの情報がない限り，両側検定が行われる．

　第4章において述べたように，t 分布は標本の大きさによってその形状が変
化する確率分布である．したがって，有意水準5％の棄却域は標本の大きさに
よって異なる．この棄却域は t 分布の数表を調べるか，計算ソフトを使用して
求めることになる．

　そこで，検定では p 値を用いる．p 値とは帰無仮説が正しいとした場合，得
られた標本の t 値以上に帰無仮説の棄却を強く支持する t 値が得られる確率の
ことである．この p 値は確率であり，図5.2のように t 分布において面積で示
すことができる．

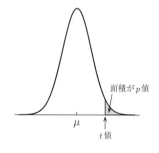

図 5.2　t 値と p 値

　標本から求められる t 値が棄却域に含まれるとき，p 値は有意水準より小さい．標本から求められる t 値が棄却域に含まれなければ，p 値は有意水準より大きい．つまり，p 値と有意水準の大小関係を比較することで帰無仮説の真偽を判断できるのである．

　ただし，片側検定と両側検定とで p 値の求め方が異なる．片側検定のときの p 値は，標本から求められる t 値より棄却域がある側の面積が p 値となる．一方，両側検定では，有意水準を 5 ％とするとき，面積が 0.025 となる 2 つの棄却域を t 分布の両側に置く．片側検定と同様に標本から求められる t 値より外側の面積を p 値とすると，p 値が 0.026 のとき t 値は棄却域の外にあるにも関わらず，p 値が有意水準より小さくなるため帰無仮説が棄却されてしまう．このような問題を回避するために，両側検定では t 値より外側の面積を 2 倍した数値が p 値となる．

　最後に，1 標本の t 検定を要約すると，次のようになる．

1. 仮説を立てる
   帰無仮説：母平均 μ と μ_0 が等しい
   対立仮説：母平均 μ と μ_0 が等しくない
2. 有意水準を設定する
   $\alpha = 0.05$ がよく用いられる
3. 棄却域を設定する
   両側に設定することが多い
4. 標本から t 値を求める
5. p 値と有意水準を比較する

p 値が有意水準より小さければ，帰無仮説が棄却される．したがって，母平均 μ は μ_0 と等しくないと判断される．

5.2　2 標本の t 検定

　比較したい 2 つの母集団があるとき，それぞれから標本を抽出し，母集団が等しいかの検討を行う．これら 2 つの標本の対応の有無によって 2 標本の t 検定の考え方が変わる．対応のない 2 標本とは，2 つの標本を構成する要素に重複がないことをいう．また，これを独立した 2 標本ともいう．このような 2 標

本を対象とするときの t 検定の目的は，2 つの標本が同一の母集団から抽出されているのか検証することである．

　これに対し，対応のある 2 標本とは，手元にある 2 つの標本を構成する要素が完全に同一で，継時的な変化あるいは事前事後の変化をあらわした標本を指す．このときの t 検定の目的は，事前と事後で母集団に変化が認められるのか検証することである．

5.2.1　対応のない 2 標本の t 検定（ウェルチの t 検定）

　手元に標本 X と標本 Y という 2 つの標本があるとき，標本 X と標本 Y にはそれぞれ想定される母集団がある．標本 X の母集団の平均値 μ_x と標本 Y の母集団の平均値 μ_y の差が 0 となるのであれば，標本 X と標本 Y が同一の母集団から抽出されたと判断される．よって，ここでの帰無仮説は「2 つの母集団の平均は等しい」となる．2 標本の検定においても，両側検定と片側検定があり，両側検定の対立仮説は「2 つの母集団の平均は等しくない」となる．対して，片側検定の対立仮説は「標本 X の平均は標本 Y の平均より大きい（小さい）」となる．

　上述の帰無仮説は「標本 X の平均と標本 Y の平均の差が 0」と言い換えることができる．したがって，対応のない 2 標本について検定を行うとき，標本 X の平均値 $\overline{x}$ と標本 Y の平均値 $\overline{y}$ の差がどのような確率分布に従うのかが重要となる．2 つの標本の母分散が既知であれば，正規分布を仮定できるが，そのようなことは稀である．2 つの標本の母分散が未知のとき，当然のことであるが正規分布を使用できない．そこで，2 標本の平均値の差を t 分布に近似させる方法がある．これをウェルチの近似法という．なお，n_x と n_y は 2 つの標本の大きさ，s_x と s_y は 2 つの標本の標準偏差である．

$$t \text{ 値}: \quad t = \frac{\overline{x} - \overline{y}}{\sqrt{\frac{s_x{}^2}{n_x} + \frac{s_y{}^2}{n_y}}} \tag{5.1}$$

$$\text{自由度}\,\nu: \quad \nu = \frac{\left(\frac{s_x{}^2}{n_x} + \frac{s_y{}^2}{n_y}\right)^2}{\frac{s_x{}^4/n_x}{n_x-1} + \frac{s_y{}^4/n_y}{n_y-1}} \tag{5.2}$$

帰無仮説のもとでこの t 値は近似的に自由度が ν である t 分布に従う．これにより，自由度が ν である t 分布に近似させることで，2 標本の平均値の差の t

検定を行う．ウェルチの近似法を用いて検定を行うことから，この検定をウェルチの t 検定という．

対応のない2標本の t 検定を要約すると，次のようになる．

1. 仮説を立てる
   帰無仮説：2つの標本の母平均に差はない
2. 有意水準を設定する
   $\alpha = 0.05$ がよく用いられる
3. 棄却域を設定する
   両側に設定することが多い
4. 式 (5.1) の t 値を求める
5. p 値と有意水準を比較する

p 値が有意水準より小さければ，帰無仮説が棄却され．したがって，手元にある2つの標本は同一の母集団から抽出されていないと判断される．

5.2.2　対応のある2標本の t 検定

対象となる2つの標本に対応関係があるということは，標本のすべての要素は表5.1のような事前の観測値と事後の観測値を持つということである．つまり，対応のある2標本の t 検定は事前と事後で観測対象に変化が生じたか否かの検証を行うことが目的である．そのために，事前の観測値と事後の観測値の差の母平均が0になるかどうかを検定する．これはすなわち，対応のある2標本の t 検定は，母平均を0とするときの1標本の t 検定と同様ということである．

表 5.1　事前の観測値と事後の観測値の差

ID	事前	事後	差
1	129	121	-8
2	115	132	17
3	130	123	-7
4	121	164	43
5	108	174	66

したがって，帰無仮説は「事前と事後の平均値は等しい」となる．また，両側検定の対立仮説は「事前と事後の平均値は等しくない」であり，片側検定の対立仮説は「事前の平均値は事後の平均値より大きい（小さい）」である．

対応のある 2 標本の t 検定を要約すると，次のようになる．

1. 仮説を立てる
   帰無仮説：事前の平均値と事後の平均値には差がない
2. 有意水準を設定する
   $\alpha = 0.05$ がよく用いられる
3. 棄却域を設定する
   両側に設定することが多い
4. 標本から t 値を求める
5. p 値と有意水準を比較する

p 値が有意水準より小さければ，帰無仮説が棄却される．よって，事前と事後で変化が認められると判断される．

5.3　独立性の検定

ここまでは量的変数に対する検定を説明した．検定は量的変数に限らず，質的変数に対しても行われる．質的変数に対して行われる検定の目的は 2 つの質的変数（項目）の関連の有無について検証することである．2 つの質的変数に関連がないことを独立ということから，この検定は独立性の検定と呼ばれる．

独立性の検定における帰無仮説は「項目 A と項目 B の間には関連がない」である．また，この帰無仮説は「項目 A と項目 B は独立である」と言い換えることもできる．よって，対立仮説は「項目 A と項目 B の間には関連がある」あるいは「項目 A と項目 B は独立ではない」となる．

例えば，項目 A は Yes と No という 2 つの値を持ち，項目 B も同様に Yes と No という値を持っているとする．このとき，項目 A と項目 B をクロス集計すると，2 行 2 列のクロス集計表が作成される．ここで，クロス集計によって実際に観測された頻度を観測度数といい，各行の度数の合計や各列の度数の合計を周辺度数という．周辺度数を用い，クロス集計された 2 つの項目が独立である（関連がない）ときに想定される頻度を求めることができる．この頻度

を期待度数という．期待度数は行合計と列合計の積を合計度数で割った値である．なお，r_i は i 行目の合計，c_j は j 列目の合計，N は合計度数であり，E_{ij} は i 行 j 列目のマスの期待度数である．表 5.2 の左表のような観測度数が得られたとき，期待度数は右表のようになる．

$$E_{ij} = \frac{r_i c_j}{N} \tag{5.3}$$

もし観測度数と期待度数が同様の値であれば，2 つの項目は独立であると判断される．反対に，観測度数が期待度数から大きく乖離していれば，2 つの項目が独立ではないと判断されることになる．

独立性の検定では観測度数と期待度数の乖離の度合を測ることで，帰無仮説を棄却するかどうか決定することになる．独立性の検定には主に 2 つの検定手法があり，1 つは観測度数と期待度数の乖離の度合を求めるためにカイ二乗分布という確率分布を仮定する検定手法である．もう 1 つはカイ二乗分布を仮定できないときの検定手法である．

表 5.2　観測度数（左）と期待度数（右）

項目 A		項目 B Yes	No		項目 A		項目 B Yes	No
	Yes	27	23			Yes	20	30
	No	13	37			No	20	30

5.3.1　カイ二乗検定

カイ二乗分布を用いる検定手法はカイ二乗検定と呼ばれる．カイ二乗検定では帰無仮説の真偽を検証するために，観測度数と期待度数の差を求めるとその値には正負の符号が付く．ここで，分散を求めるときと同様に，符号の影響を打ち消すために観測度数と期待度数の差の 2 乗を求め，これを期待度数で割る．この値は各マスにおいて求められ，それらを合計した値はカイ二乗値と呼ばれる．

カイ二乗値は 2 乗の和であるから必ず 0 以上の値を取る．カイ二乗値が 0 になれば，観測度数と期待度数が完全に一致するということなので，2 つの項目は独立であると判断される．一方で，カイ二乗値が大きな値になると，観測度数と期待度数が大きく乖離しているということであるので，2 つの項目は独立

であるとはいえないと判断される.

このカイ二乗値が近似的に従うのがカイ二乗分布である. 帰無仮説のもとでの確率分布が仮定されるのであれば, t 検定と同様に p 値が求められる. カイ二乗分布とは, 独立な標準正規分布に従う確率変数の 2 乗の和が従う確率分布である.

$$\chi^2 = z_1{}^2 + z_2{}^2 + \cdots + z_k{}^2 \tag{5.4}$$

なお, 式 (5.4) における右辺の標準正規分布に従う確率変数の数(自由度)によってカイ二乗分布は形状が異なる. カイ二乗分布は図 5.3 のような確率分布である.

ここで, r 行 c 列のクロス集計表において, 自由度は $(r-1)(c-1)$ という式で求められる. よって, カイ二乗検定におけるカイ二乗値は自由度 $(r-1)(c-1)$ のカイ二乗分布に近似的に従う.

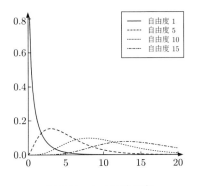

図 5.3 カイ二乗分布

先にも述べたが, カイ二乗値は 2 乗の和であるから 0 未満の値を取らない. また, カイ二乗値が 0 のとき, 観測度数と期待度数が完全に一致する. よって, カイ二乗分布の左側に棄却域は設定されず, 棄却域はカイ二乗分布の右側にのみ設定される. したがって, p 値は常にクロス集計表から求められたカイ二乗値より右側の面積である. このように求められた p 値が有意水準より小さければ, 帰無仮説が棄却されることになる. なお, カイ二乗検定においても有意水準は 5 ％とされることが一般的である.

ただし, カイ二乗検定には制約がある. カイ二乗検定を行えるのはカイ二乗分布への近似が良いときのみである. カイ二乗分布への近似が良いのは, クロ

ス集計表のすべてのマスの期待度数が 5 以上であるときである．期待度数が 5
未満のマスが 1 つでもあるときはカイ二乗分布を仮定できないため，後述する
フィッシャーの正確確率検定を行う．

最後に，カイ二乗検定を要約すると，次のようになる．

1. 仮説を立てる
   帰無仮説：2 つの項目は独立である（関連がない）
   対立仮説：2 つの項目は独立ではない（関連がある）
2. 有意水準を設定する
   $\alpha = 0.05$ がよく用いられる
3. 期待度数を求める
   期待度数が 5 未満のマスがある場合はカイ二乗検定を中止する
4. カイ二乗検定を行う
5. p 値と有意水準を比較する

p 値が有意水準より小さければ，帰無仮説が棄却される．したがって，2 つの
項目には関連があると判断される．

5.3.2　フィッシャーの正確確率検定

例として，野球のボールとテニスのボールをそれぞれ 4 球ずつ用意し，目隠
しをしてランダムにボールを触り，野球とテニスのどちらのボールであるのか
当てるという実験を考える．野球のボールとテニスのボールでは感触がまった
く違うことから，容易に全問正解することができるであろう．そうすると，表
5.3 のようなクロス集計表が得られる．

表 5.3 ではクロス集計表の対角成分の度数がどちらも 4 であり，それ以外の
度数は 2 つとも 0 である．このとき，期待度数はすべてのマスにおいて 2 にな
ることから，カイ二乗検定は実行できない．そのため，フィッシャーの正確確

表 5.3　野球のボールとテニスのボールの実験

		実際のボール	
		野球	テニス
回答	野球	4	0
	テニス	0	4

率検定と呼ばれる検定を行う.

ここで，表 5.3 の 1 行 1 列目のマス（左上のマス）に着目して確率を計算する．8 球のうち，ランダムに 4 球が野球のボールであると回答される組み合わせは $_8\mathrm{C}_4$ となる．野球のボールであると回答された 4 球のうち，そのすべてが実際に野球のボールである組み合わせは $_4\mathrm{C}_4 \times _4\mathrm{C}_0$ となる．よって，4 球がすべて野球のボールである確率は次のように計算される．

$$p = \frac{_4\mathrm{C}_4 \times _4\mathrm{C}_0}{_8\mathrm{C}_4} = 0.0143 \tag{5.5}$$

これがフィッシャーの正確確率検定における片側検定を行うときの p 値となる．なお，両側検定を行うときは t 検定と同様に片側検定の p 値を 2 倍する．式 (5.5) で求められた p 値は有意水準の 0.05 より小さいため，片側検定でも両側検定でも帰無仮説が棄却される．

フィッシャーの正確確率検定を要約すると，次のようになる.

1. 仮説を立てる
   帰無仮説：2 つの項目は独立である（関連がない）
   対立仮説：2 つの項目は独立ではない（関連がある）
2. 有意水準を設定する
   $\alpha = 0.05$ がよく用いられる
3. 期待度数を求める
4. 棄却域を設定する
5. フィッシャーの正確確率検定を行う
6. p 値と有意水準を比較する

p 値が有意水準より小さければ，帰無仮説が棄却される．よって，2 つの項目には関連があると判断される．検定の結果の解釈はカイ二乗検定と同様である．

5.4 R による実践

第 5 章の演習では 1 標本の t 検定，対応のない 2 標本の t 検定，対応のある 2 標本の t 検定，カイ二乗検定，フィッシャーの正確確率検定を行う．上記の 3 つの t 検定では第 4 章で使用した t.test という関数を用いる．そこで，第 4 章で行った演習と本章の演習を比較するためにも，1 標本の t 検定と対応のない 2 標本の t 検定では，banknote を採り上げて検定を行う．

▌1 標本の *t* 検定 ▌

まず，banknote を使用するために次の命令文を実行する．

```
1  library( mclust )
2  data( banknote )
```

banknote は 100 件が真札（genuine），もう 100 件は偽札（counterfeit）であり，6 つの量的変数からなるデータである．そこで，第 5 章では 1 標本の *t* 検定を行うために真札の 100 件を対象とし，Diagonal という紙幣の対角線の長さを計測した変数を用いる．

```
1  diag.g <- banknote[1:100, 7]
```

演習として，「真札の対角線の長さの母平均は 141.5 という値と等しい」という帰無仮説の検定を行う．ここでは，有意水準を 5 ％として *t* 検定を行う．*t* 検定を行うとき，t.test の第 2 引数にこの母平均を指定する．なお，t.test のデフォルトでは mu = 0 となっている．

```
1   t.test( diag.g, mu = 141.5 )
2
3      One Sample t-test
4
5   data:  diag.g
6   t = 0.38031, df = 99, p-value = 0.7045
7   alternative hypothesis: true mean is not equal to 141.5
8   95 percent confidence interval:
9    141.4283 141.6057
10  sample estimates:
11  mean of x
12     141.517
```

上記の p-value という項目に記載されている数値が *p* 値である．*p* 値は 0.7045 となり，事前に設定した有意水準より *p* 値が大きいため，帰無仮説が棄却できない．

この *t* 検定で求められた *p* 値は両側検定を行ったときの値である．片側検定を行うためには alternative という引数を指定しなくてはならない．対立仮説を「母平均は 141.5 より大きい」とするときの *t* 検定は，t.test(diag.g,

mu = 141.5 , alternative = "greater")とする.反対に,対立仮説を
「母平均は 141.5 より小さい」とするときの *t* 検定は,t.test(diag.g, mu
= 141.5 , alternative = "less")とする.

次に,banknote の偽札のデータを使用して 1 標本の *t* 検定を行う.まず,
偽札のみのデータを作成し,その後に *t* 検定を行う.帰無仮説は「偽札の対角
線の長さの母平均は 141.5 と等しい」であり,有意水準は 5％である.

```
 1 diag.c <- banknote[101:200, 7]
 2 t.test( diag.c, mu = 141.5 )
 3
 4   One Sample t-test
 5
 6 data:  diag.c
 7 t = -36.747, df = 99, p-value < 2.2e-16
 8 alternative hypothesis: true mean is not equal to 141.5
 9 95 percent confidence interval:
10  139.3393 139.5607
11 sample estimates:
12 mean of x
13    139.45
```

このときの *p* 値は,p-value < 2.2e-16 と記載されている.これは求めら
れた *p* 値が 2.2×10^{-6} よりも小さい値,つまり *p* 値が極めて小さい値となる
ことを意味する.この *p* 値は事前に設定した有意水準よりも小さいため,帰無
仮説は棄却される.

対応のない 2 標本の *t* 検定

1 標本の *t* 検定において作成した diag.g と diag.c を用いて対応のない 2
標本の *t* 検定を行う.ここでの帰無仮説は「真札の Diagonal の母平均と偽札
の Diagonal の母平均は等しい」となる.有意水準を 5％として,両側検定を
行う.

```
 1 t.test(diag.g, diag.c)
 2
 3   Welch Two Sample t-test
 4
 5 data:  diag.g and diag.c
```

```
 6 t = 28.915, df = 189.02, p-value < 2.2e-16
 7 alternative hypothesis: true difference in means is not equal t
     o 0
 8 95 percent confidence interval:
 9  1.925988 2.208012
10 sample estimates:
11 mean of x mean of y
12    141.517    139.450
```

　ここでも確認すべき箇所は p-value であり，p 値が極めて小さい値になることが示されている．したがって，帰無仮説は棄却され，真札と偽札の Diagonal の母平均は等しいとはいえないという結論になる．なお，片側検定を行うときは 1 標本の t 検定と同様に引数の alternative を使用する．

■ 対応のある 2 標本の t 検定 ■

　対応のある 2 標本の t 検定の例として，留学前と留学後の語学試験の点数の分析を考える．留学前の語学試験を受けた学生と留学後の語学試験を受けた学生は同一であるので，対応があるといえる．次のような 10 人のデータについて検定を行う．ここでの帰無仮説は「留学前と留学後の語学試験の点数は等しい」ということになる．なお，有意水準は 5 ％とする．

```
1 Before <- c( 129, 115, 130, 121, 108, 105, 111, 113, 108, 106 )
2 After <- c( 121, 132, 123, 164, 174, 128, 144, 166, 154, 130 )
```

　Before と After という 2 つのベクトルを作成したが，Before は留学前の語学試験の点数であり，After が留学後の語学試験の点数である．対応のある t 検定をを実行するにはこれまでと同様に t.test を用いる．ただし，paired = TRUE という引数を指定する必要がある．

```
1 t.test( Before, After, paired = TRUE )
2
3   Paired t-test
4
5 data:  Before and After
6 t = -3.7733, df = 9, p-value = 0.004394
7 alternative hypothesis: true difference in means is not equal t
    o 0
```

```
 8  95 percent confidence interval:
 9   -46.38577 -11.61423
10  sample estimates:
11  mean of the differences
12                        -29
```

上記の p-value を確認すると, p 値が事前に決定した有意水準より小さいことが分かる. したがって, 帰無仮説が棄却され, 留学前と留学後では語学試験の点数が等しいとはいえないと結論づけられる.

▍カイ二乗検定▍

夏目漱石は作家として 1905 年から 1916 年まで活動している. 1907 年からは朝日新聞に入社して小説を主に新聞に連載した. そこで, 朝日新聞入社以前と以後で単語の使用傾向に変化があるか, カイ二乗検定を行って検証したい. 今回は夏目漱石の朝日新聞入社以前の作品として『吾輩は猫である』などの 10 作品, 入社以後の作品として『虞美人草』などの 12 作品を分析対象とする. 入社以前と以後で使用傾向に変化があるか検証した単語は助動詞の「ごとし」である.

カイ二乗検定を行うために, 朝日新聞入社以前の「ごとし」の出現頻度と入社以後の「ごとし」の出現頻度を集計する. これと同時に,「ごとし」以外の助動詞の出現頻度も入社以前と以後に分けて集計する. その結果, 入社以前の「ごとし」の頻度は 461, 入社以後の「ごとし」の頻度は 438, 入社以前の「ごとし」以外の助動詞の合計頻度は 25019, 入社以後の「ごとし」以外の助動詞の合計頻度は 90846 であった. これを 2 行 2 列の行列にすると実質的にクロス集計表となる.

```
1  tab1 <- matrix( c(461, 25019, 438, 90846), nrow = 2, ncol = 2 )
2  colnames(tab1) <- c("入社以前", "入社以後")
3  rownames(tab1) <- c("ごとし", "それ以外")
4  tab1
5          入社以前    入社以後
6  ごとし       461        438
7  それ以外    25019       90846
```

このクロス集計表に独立性の検定を行うときの帰無仮説は「朝日新聞への入

社と助動詞「ごとし」の出現頻度は独立である」となる．これを平易な表現に
言い換えると，「朝日新聞に入社しても助動詞の「ごとし」の出現傾向は変化
していない」となる．有意水準を 5 ％としてカイ二乗検定を行う．カイ二乗検
定を実行する関数は chisq.test である．

```
1  chisq.test(tab1, correct = FALSE)
2
3    Pearson's Chi-squared test
4
5  data:  tab1
6  X-squared = 460.82, df = 1, p-value < 2.2e-16
```

　確認すべき箇所は p-value であり，p 値が極めて小さい値であることが分か
る．したがって，帰無仮説が棄却され，朝日新聞への入社を前後して助動詞の
「ごとし」の出現傾向が変化していると判断される．

　また，chisq.test 関数はデフォルトで correct = TRUE となっている．本
書では採り上げていないが，correct = TRUE とするとカイ二乗検定を行うと
きにイェーツ補正という補正が行われる．本書で採り上げたカイ二乗検定を行
うためには correct = FALSE と指定しなくてはならない．

　なお，期待度数を確認するには次のように行う．下記のように期待度数が 5
未満のマスがないため，カイ二乗検定を行うことに問題はない．

```
1  chisq.test(tab1, correct = FALSE)$expected
2            入社以前        入社以後
3  ごとし       196.1779       702.8221
4  それ以外    25283.8221    90581.1779
```

▌フィッシャーの正確確率検定 ▌

　ここでは 5.3.2 節で採り上げた野球のボールとテニスのボールの実験を行う．
野球とテニスのボールをそれぞれ 4 球ずつ用意し，目隠しをしてランダムに
ボールを触り，野球とテニスのどちらのボールであるのか当てるという実験で
ある．このときの帰無仮説は「実際のボールの種類と実験参加者の回答は独立
である」となる．この実験において全問正解すると下記のようなクロス集計表
が作成される．ここで，表側が実際のボールの種類，表頭が実験を行った者の
回答とする．

```
1  tab2 <- matrix( c(4, 0, 0, 4), nrow = 2, ncol = 2 )
2  rownames(tab2) <- c("野球", "テニス")
3  colnames(tab2) <- c("野球と判断", "テニスと判断")
4  tab2
5          野球と判断    テニスと判断
6  野球           4              0
7  テニス         0              4
```

まず，`chisq.test` 関数を使用して tab2 の期待度数を確認する．なお，カイ二乗検定を行うのではなく期待度数を求めるだけであるため，`correct = FALSE` の指定は不要である．

```
1  chisq.test(tab2)$expected
2          野球と判断    テニスと判断
3  野球           2              2
4  テニス         2              2
```

上記のように，すべてのマスの期待度数が5未満であるので，カイ二乗検定を行えない．そのため，フィッシャーの正確確率検定を行う．有意水準は5％とする．フィッシャーの正確確率検定を行う関数は `fisher.test` である．

```
1  fisher.test( tab2 )
2
3    Fisher's Exact Test for Count Data
4
5  data:  tab2
6  p-value = 0.02857
7  alternative hypothesis: true odds ratio is not equal to 1
8  95 percent confidence interval:
9   1.339059      Inf
10 sample estimates:
11 odds ratio
12       Inf
```

上記の p-value を確認すると，0.02857 と事前に設定した有意水準より小さい．よって帰無仮説は棄却される．

回帰分析

　これまでの推定と検定は 1 つの変数を対象としてきた．それに対し，回帰分析は複数の変数を分析の対象とするデータサイエンスの手法である．回帰分析のような複数の変数を対象とする分析手法を多変量解析という．本書において採り上げる以降の分析手法はどれも多変量解析である．量的な 2 つの変数 X と Y の関係をあらわす統計量として，第 2 章で採り上げた相関係数がある．相関係数は確かに非常に便利な統計量である．しかし，相関係数は 2 つの変数の関係を示すことはできるが，X の値から Y の値を予測するといったようなことはできない．それに対して回帰分析は一方の変数の値からもう一方の変数の値を予測するための手法である．詳しく述べると，回帰分析は既知のデータを用いて 2 つの変数の関係をあらわす数式を求め，その数式を用いることで未知のデータの値を予測する分析手法である．非常にシンプルな分析手法であるが，それゆえに様々なデータに対し用いることが可能で，複数の変数の関係を記述するときによく用いられる分析手法である．

6.1　単回帰分析

　回帰分析には単回帰分析と重回帰分析の 2 つがある．このうち，単回帰分析は 1 つの変数の値からもう 1 つの変数の値を予測する回帰分析のことである．言い換えると，単回帰分析とは 2 つの変数の関係を数式で定量化する分析手法である．回帰分析において予測される変数を目的変数あるいは従属変数といい，予測するために用いられる変数を説明変数あるいは独立変数という．図 6.1 は

2つの変数の関係を可視化するために描いた散布図である．2つの変数の関係を数式で表現するために，単回帰分析ではデータに直線を当てはめることが多い．この直線を回帰直線といい，次の数式であらわされる．

$$Y = aX + b \tag{6.1}$$

回帰直線をあらわす式を回帰式といい，X が説明変数，Y が目的変数である．説明変数の係数である a と定数項である b を推定することで回帰式が求められ，それによって未知のデータの目的変数の予測が可能になるのである．

図 6.1 では 7 個の観測値がプロットされており，これら 7 個の観測値の X_i を (6.1) の式に代入することで 7 個の予測値 $\hat{Y}_i = aX_i + b$ が求められる．観測値 Y_i とそれに対応する予測値 $\hat{Y}_i$ の差は残差と呼ばれ，この残差を 2 乗した値の総和，すなわち残差平方和が最小になるように (6.1) の式の a と b を求めるのである．この係数 a と定数項 b を推定する方法を最小二乗法という．なお，残差は e_i であらわされ，残差は $e_i = Y_i - \hat{Y}_i$ によって求められる．

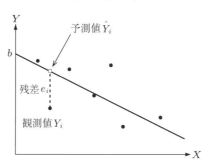

図 6.1　回帰直線と残差

また，図 6.2 のように観測値が回帰直線の近くに密集する場合と広く散らばる場合がある．前者はデータへの回帰直線の当てはまりが良いといい，後者は回帰直線の当てはまりが悪いという．このような回帰直線の当てはまりの度合をあらわす指標として決定係数がある．決定係数は R^2 であらわされる．決定係数は 0 から 1 の範囲内の値を取り，すべての観測値が回帰直線上にあれば決定係数は 1 となる．したがって，1 に近ければデータに対する回帰直線の当てはまりが良く，0 に近ければ回帰直線の当てはまりが悪いと判断される．決定係数は以下の数式で定義される．これは残差平方和を偏差平方和で割った値を

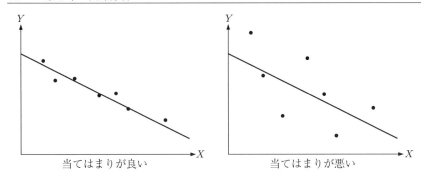

図 6.2　当てはまりの良い回帰直線と当てはまりの悪い回帰直線

1 から引くことで得られる値である.

$$R^2 = 1 - \frac{\sum\limits_{i=1}^{n} \left(Y_i - \hat{Y}_i\right)^2}{\sum\limits_{i=1}^{n} \left(Y_i - \overline{Y}\right)^2} \tag{6.2}$$

　ただし，決定係数が 0 に近い数値であるときはデータが回帰分析に適していない場合があるため，注意が必要である．なお，データに直線を当てはめる線形回帰分析の場合，決定係数は相関係数の 2 乗と等しくなるという性質を持っている．

6.2　重回帰分析

　単回帰分析は 1 つの説明変数で目的変数の値を予測する手法であった．これに対し，重回帰分析は複数の説明変数で目的変数の値を予測する手法である．求める回帰式は以下のようになる.

$$Y = a_1 X_1 + a_2 X_2 + \cdots + a_k X_k + b \tag{6.3}$$

　重回帰分析は単回帰分析と異なり分析に用いる変数が 3 つ以上となるため，図 6.1 のようにデータを散布図で表現することができない．しかし，分析の考え方は重回帰分析も単回帰分析と同様であり最小二乗法によって重回帰分析の回帰式は求められる．ただし，単回帰分析と異なり重回帰分析を行う際には気をつけなくてはならないことがいくつかある．

　まず，多重共線性の問題というものがある．多重共線性とは説明変数の中に

極端に相関の高い変数の組み合わせが存在していることをいう．一般に，相関係数の絶対値がおよそ 0.70 を超える変数の組み合わせがあると多重共線性が認められると判断される．この場合は回帰式の係数が正確に推定できなくなることがある．また，分析対象のデータに相関係数の絶対値が 1 になる変数の組み合わせが存在すると，回帰式の係数を推定することができない．このようなことから，多重共線性が生じているときは相関の高い変数の組み合わせのどちらか一方を分析から取り除かなくてはならない．

相関係数の絶対値がおよそ 0.70 を超える場合に多重共線性があると考えると先に述べたが，正確には分散拡大係数という指標を計算することで多重共線性が生じているか確認する．なお，分散拡大係数は Variancce Inflation Factor の和訳であることから，頭文字を取って VIF と記されることが多い．VIF は以下の数式によって求められ，VIF の値が 10 以上となる場合に多重共線性が生じていると判断される．

$$\text{VIF} = \frac{1}{1 - r^2} \tag{6.4}$$

次に，重回帰分析では説明変数を増やすと決定係数の値が大きくなる．つまり，説明変数を増やすと求められた回帰式のデータへの当てはまりが良くなる．では，重回帰分析を行うときは説明変数を可能な限り多くすれば良いかというとそうではない．回帰分析の目的は既知のデータから回帰式を求め，これを用いることで未知のデータの目的変数の値を予測することである．ここでの既知のデータとはすべての説明変数の値と目的変数の値が明らかなデータのことであり，未知のデータとはすべての説明変数の値は既知であるが目的変数の値が不明であるデータである．求められた回帰式が既知のデータに対して当てはまりが良すぎると，回帰式を構築するときに使用したデータへの当てはまりが良すぎるために未知のデータの予測の精度が落ちることがある．「過ぎたるは猶及ばざるが如し」というわけである．このような現象を過学習，あるいは過剰適合という．つまり，重回帰分析では説明変数をむやみに増やすことを避けるべきであり，むしろ説明変数が少なくなるように回帰式を調整する必要がある．このような説明変数をすべて用いるのではなく，分析に用いる説明変数を選択する操作を変数選択という．変数選択を行う上で基準となる指標はいくつも提案されているが，赤池情報量規準と呼ばれる指標がよく用いられている．赤池情報量規準の英訳は Akaike's Information Criterion となることから，単に

AIC と呼ばれることがほとんどである．AIC は次の数式によって求められる．

$$\mathrm{AIC} = -2\ln L + 2k \tag{6.5}$$

$-2\ln L$ は回帰式への当てはまりの悪さをあらわしている．また，k は回帰式の説明変数の個数である．重回帰分析によって求められた回帰式の AIC の値が小さくなればなるほど，過学習が抑制された回帰式であると考えられる．

変数選択では，説明変数のあらゆる組み合わせに対して AIC を求め，AIC が最も小さくなる説明変数の組み合わせを用いた回帰式がより良い回帰式であると評価される．このようなより良い回帰式を求める方法としてステップワイズ法がある．一般的なステップワイズ法では，分析に使用できるすべての説明変数を用いたときの AIC を求め，ここから説明変数を 1 つずつ取り除くことでより良い回帰式を導き出す．例えば，X_1, X_2, X_3 という 3 つの説明変数があったとき，最初のステップではこの 3 つの変数すべてを用いたときの AIC，そこから X_1 を取り除いた場合の AIC，X_2 を取り除いた場合の AIC，X_3 を取り除いた場合の AIC をそれぞれ求め，最も AIC の小さくなったものを採用する．ここでは仮に X_2 を取り除いたときに AIC の値が最も小さくなったとする．次のステップでは，ここから X_1 を取り除いた場合の AIC，X_3 を取り除いた場合の AIC をそれぞれ求め，最も AIC の小さくなったものが 1 つ前のステップで求められた AIC より小さければ，この操作を繰り返しさらに変数を除外していく．反対に，最も AIC の小さくなったものが 1 つ前のステップで求められた AIC より大きければ，そこで変数選択をストップし，1 つ前のステップで使用された説明変数の組み合わせを最終的なものとする．

以上が重回帰分析であり，回帰式を求める基本的な考え方は単回帰分析と変わらない．そして，分析を行う目的は既知のデータから回帰式を推定し，未知のデータの目的変数の値を予測することである．ただし，重回帰分析は単回帰分析と異なり，多重共線性と過学習について注意を払う必要がある．多重共線性の確認には相関係数を求めることが有効であり，過学習を抑制するためには変数選択を行わなくてはならない．

6.3 R による実践

回帰分析は量的変数から量的変数を予測する手法である．例えば身長から体重を予測するときや，身長と腹囲から体重を予測するときに用いる．ここではこの回帰分析を用い，小説に出現する単語の出現率から出版年を予測することを目的として分析を行う．単語の出現率と出版年はどちらも量的変数である．すなわち，この分析はデータサイエンスの手法を用い作家の継時的な文体の変化のモデルを構築するという試みである．

本書では夏目漱石の小説を対象に単回帰分析と重回帰分析を行う．分析に用いる小説は表 6.1 の 22 作品である．なお，『吾輩は猫である』は 1 章から 6 章までが 1905 年に発表され，7 章から 11 章までが 1906 年に発表されたため，『吾輩は猫である (1-6)』と『吾輩は猫である (7-11)』のように 2 つに分割した．また，『行人』は朝日新聞に 1912 年 12 月 6 日から 1913 年 11 月 15 日まで連載された小説であり，1912 年から 1913 年に跨いで発表されている．しかし，大部分が 1913 年に発表されていることから，ここでは『行人』を 1913 年の作品とみなす．

夏目漱石が作家として活躍した時期は言文一致が行われた時期でもある．1906 年の「新聲」に掲載された夏目漱石の『自然を寫す文章』というエッセイにおいて，「今日では一番言文一致が行はれて居るけれども，句の終りに「である」「のだ」とかいふ言葉があるので言文一致で通つて居るけれども，「である」「のだ」を引き抜いたら立派な雅文になるのが澤山ある．」と述べている．つまり，夏目漱石の論じるところによれば，言文一致といいながら文末のみ口語体にしている作品が多いことを指摘している．つまり，近代の作家にとって，ある程度容易にかつ意図的に文末の表現を操作できたことが想像できる．そこで，夏目漱石の作品では文末の表現がどの様に変化しているのか分析を行って明らかにする．

まず，分析に用いるためのデータを作成する．文末に出現する単語の出現率を説明変数として用い，表 6.1 における発表時期の発表年を目的変数として用いる．説明変数として用いる単語は「た」「だ」「ない」「ず」の 4 つの単語の文末における出現率である．なお，出現率とは文末に出現する単語の頻度をセンテンスの数で割った値である．

以下の操作によって回帰分析を行うためのデータが作成される．この操作を

表 6.1　分析に使用する夏目漱石の小説一覧

タイトル	発表時期
吾輩は猫である（一〜六）	1905 年 1 月
幻影の盾	1905 年 4 月
琴のそら音	1905 年 5 月
一夜	1905 年 9 月
薤露行	1905 年 11 月
吾輩は猫である（七〜十一）	1906 年 1 月
趣味の遺伝	1906 年 1 月
坊っちゃん	1906 年 4 月
草枕	1906 年 9 月
二百十日	1906 年 10 月
野分	1907 年 1 月
虞美人草	1907 年 6 月 23 日〜1907 年 10 月 29 日
坑夫	1908 年 1 月 1 日〜1908 年 4 月 6 日
文鳥	1908 年 6 月
夢十夜	1908 年 7 月
三四郎	1908 年 9 月 1 日〜1908 年 12 月 29 日
それから	1909 年 5 月 31 日〜1909 年 8 月 14 日
門	1910 年 3 月 1 日〜1910 年 6 月 12 日
彼岸過迄	1912 年 1 月 1 日〜1912 年 4 月 29 日
行人	1912 年 12 月 6 日〜1913 年 11 月 15 日
こころ	1914 年 4 月 20 日〜1914 年 8 月 11 日
道草	1915 年 6 月 3 日〜1915 年 9 月 14 日
明暗	1916 年 5 月 26 日〜1916 年 12 月 14 日

R コンソールに直接記述すると，R を終了したときに記述した命令文が保存されない．繰り返し回帰分析の練習を行う場合はテキストエディタなどに以下の命令文を記述し保存することを推奨する．

```
1 > y <- c( 1905, 1905, 1905, 1905, 1905, 1906, 1906, 1906, 1906,
      1906, 1907, 1907, 1908, 1908, 1908, 1908, 1909, 1910,
      1912, 1913, 1914, 1915, 1916 )
2 > x1 <- c( 0.13, 0.08, 0.09, 0.07, 0.02, 0.16, 0.17, 0.35,
      0.14, 0.25, 0.22, 0.23, 0.42, 0.57, 0.58, 0.50, 0.82,
      0.91, 0.79, 0.95, 0.93, 0.98, 0.97 )
3 > x2 <- c( 0.04, 0.01, 0.03, 0.02, 0.00, 0.09, 0.11, 0.19,
      0.07, 0.02, 0.02, 0.01, 0.07, 0.03, 0.01, 0.02, 0.00,
```

```
         0.00, 0.01, 0.01, 0.00, 0.00, 0.00 )
4 > x3 <- c( 0.06, 0.00, 0.03, 0.00, 0.00, 0.06, 0.06, 0.07,
         0.04, 0.01, 0.03, 0.02, 0.07, 0.03, 0.05, 0.05, 0.02,
         0.00, 0.02, 0.01, 0.01, 0.00, 0.00 )
5 > x4 <- c( 0.03, 0.07, 0.05, 0.05, 0.15, 0.04, 0.08, 0.01,
         0.07, 0.02, 0.06, 0.05, 0.00, 0.00, 0.00, 0.00, 0.00,
         0.00, 0.00, 0.00, 0.00, 0.00, 0.00 )
6 > soseki <- data.frame( 出版年 = y, た = x1, だ = x2, ない = x3,
         ず = x4 )
7 > rownames( soseki ) <- c( "吾輩は猫である（1-6)", "幻影の盾", "
         琴のそら音", "一夜", "薤露行", "吾輩は猫である（7-11)", "
         趣味の遺伝", "坊っちゃん", "草枕", "二百十日", "野分", "虞美人草
         ", "坑夫", "文鳥", "夢十夜", "三四郎", "それから", "門", "
         彼岸過迄", "行人", "こころ", "道草", "明暗" )
```

▨ 単回帰分析 ▨

　回帰分析を実行する関数は lm である．この lm は Linear Model の頭文字である．まず単回帰分析から行う．目的変数は出版年，説明変数は「た」の出現率とする．ここで，『吾輩は猫である（1-6)』を除外したデータを使用して回帰分析を行い，出版年を予測するモデルを構築する．『吾輩は猫である（1-6)』は予測モデルを用いた出版年の予測に用いる．

```
1 > res1 <- lm( 出版年 ~ た, data = soseki[-1,] )
```

　lm では「~（チルダ）」の左に目的変数，右に説明変数を記述する．そして最後に，data という引数を使用して，分析対象となるデータフレームを指定する．この 1 行の命令文で回帰分析は実行される．次に，分析結果の出力であるが，これは summary という関数を用いる．分析結果は R コンソール上に表示される．

```
1 > summary( res1 )
2 >
3 > Call:
4 > lm(formula = 出版年 ~ た, data = soseki[-1,])
5
6 Residuals:
7    Min        1Q     Median        3Q       Max
```

```
 8 | -2.6752    -0.6695     0.1660     0.6426     2.9500
 9 |
10 | Coefficients:
11 |               Estimate    Std. Errort  t value    Pr(>|t|)
12 | (Intercept)   1904.1598     0.4585     3897.74    < 2e-16 ***
13 | た               9.1652     0.8503       10.78    8.84e-10 ***
14 | ---
15 | Signif. codes:  0 '***' 0.001 '**' 0.01 '*' 0.05 '.' 0.1 ' ' 1
16 |
17 | Residual standard error: 1.353 on 20 degrees of freedom
18 | Multiple R-squared:  0.8531 Adjusted R-squared:  0.8458
19 | F-statistic: 116.2 on 1 and 20 DF,  p-value: 8.845e-10
```

　上掲の出力された結果で，重要な箇所は Coefficients の Estimate と
Multiple R-squared である．Estimate は回帰式の係数と定数項の推定値を
あらわしている．したがって，この回帰分析で推定される回帰式は以下のよう
になる．なお，Intercept は定数項を意味している．

$$出版年 = 9.1652 \times 「た」の出現率 + 1904.1598$$

　次に，Multiple R-squared は決定係数をあらわしている．この分析では
決定係数が 0.8531 であることから，回帰分析によって推定された回帰式は分
析に使用したデータに対して当てはまりが良いと考えられる．したがって，こ
れらの結果から夏目漱石の小説は文末における「た」という助動詞の出現率か
ら出版年を予測されうるのである．

　実際にこの推定された回帰式に『吾輩は猫である (1-6)』の「た」の出現率
を代入し，出版年を推定する．目的変数の推定には predict という関数を用
いる．

```
1 | > predict( res1, soseki[1, ] )
2 | 吾輩は猫である (1-6)
3 |             1905.351
```

　この predict という関数を用いるときは，回帰分析によって構築された回
帰式，目的変数を予測するデータの順で記述する．ここでは構築された回帰式
は res1 であり，目的変数を予測するデータは soseki[1,] となる．『吾輩は
猫である (1-6)』の出版年は 1905 年であり，predict 関数によって予測された

出版年は上掲のように1905.351となることから，この回帰分析で求められた
回帰式の予測精度は高いと考えられる．

　また，単回帰分析では目的変数が1つ，説明変数が1つであることから，分
析結果を散布図として可視化できる．縦軸を目的変数，横軸を説明変数として
散布図を作成する．

```
1 > plot( 出版年 ~ た, data = soseki[-1,] )
2 > abline( res1 )
```

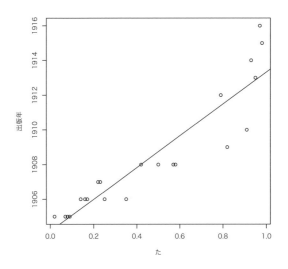

図 6.3　分析結果の可視化

　散布図を作成するためには第3章において述べたようにplot関数を用いる．
plot関数には縦軸と横軸を指定して記述する方法があり，lmと同様に「~」を
使用する．「~」の左側が縦軸，右側が横軸となる．このように作成された散布
図に回帰直線を追加するためにablineという関数を用いている．

　単回帰分析の結果から，文末に「た」という助動詞の出現率から夏目漱石の
小説の出版年を予測できることを既に述べた．そして，図6.3のように単回帰
分析の結果を可視化することで，文末における「た」の出現率は継時的に増加
するということが端的に示されたといえる．

▓ 重回帰分析 ▓

　単回帰分析において作成したデータフレーム soseki を使用して，重回帰分析を行う．目的変数を出版年，説明変数をその他の4つの変数とする．VIF を求めることで多重共線性の有無を確認することができるが，R では多重共線が自動的に処理される．

　重回帰分析において使用する関数は単回帰分析と同じ lm である．説明変数が複数あるときは，「~（チルダ）」の右に説明変数を「+」で繋げて記述する．単回帰分析と同様に『吾輩は猫である（1-6）』を除外して分析を進める．

```
1 > res2 <- lm( 出版年 ~ た + だ + ない + ず, data = soseki[,-1] )
```

　また，目的変数を除くすべての変数を説明変数として分析に用いるときは「~」の右に半角のピリオドを打つことで分析が実行される．

```
1 > res2 <- lm( 出版年 ~ ., data = soseki[,-1] )
```

　ここでは，2つの重回帰分析の実行方法を示したが，分析結果は同じになる．また，分析結果の出力方法は単回帰分析と同様に summary を用いる．

```
1 > summary( res2 )
2 （結果は省略）
```

　次に，過学習を回避するためにステップワイズ法による変数選択を行う．使用する関数は step である．

```
1 > step( res2, trace = FALSE )
2 >
3 > Call:
4 > lm(formula = 出版年 ~ た + ず, data = soseki[-1,])
5
6 Coefficients:
7 (Intercept)          た          ず
8     1902.80       10.86       19.33
```

　ステップワイズ法による変数選択の結果，「だ」と「ない」という変数が除外され，以下のような「た」と「ず」という2つの変数を用いた回帰式が求められた．

　　出版年 $= 10.86 \times$「た」の出現率 $+ 19.33 \times$「ず」の出現率 $+ 1902.80$

最終的に求められた回帰式の決定係数などを出力するために，次のような処理を行う．

```
1  > res3 <- step( res2, trace = FALSE )
2  > summary( res3 )
3  >
4  > Call:
5  > lm(formula = 出版年 ~ た + ず, data = soseki[-1,])
6
7  Residuals:
8  Min        1Q      Median    3Q       Max
9  -2.7074   -0.6562   0.1739   0.6447   2.6638
10
11 Coefficients:
12             Estimate   Std. Error   t value   Pr(>|t|)
13 (Intercept)  1902.8036    0.9138    2082.386   < 2e-16 ***
14 た             10.8583    1.2732       8.529   6.4e-08 ***
15 ず             19.3319   11.2042       1.725     0.101
16 ---
17 Signif. codes:  0 '***' 0.001 '**' 0.01 '*' 0.05 '.' 0.1 ' ' 1
18
19 Residual standard error: 1.291 on 19 degrees of freedom
20 Multiple R-squared:  0.873,  Adjusted R-squared:  0.8597
21 F-statistic: 65.31 on 2 and 19 DF,  p-value: 3.058e-09
```

また，ステップワイズ法を行う step 関数には trace という引数がある．これを TRUE とすると，変数選択の過程が R コンソールに出力され，上記のように FALSE とすると変数選択の過程は出力されず変数選択の結果だけが出力される．

最後に，重回帰分析によって推定された回帰式に『吾輩は猫である (1-6)』の「た」と「ず」の出現率を代入し，出版年を推定する．

```
1  > predict( res3, soseki[1, ] )
2  吾輩は猫である (1-6)
3             1904.795
```

推定された出版年を四捨五入すると 1905 となり，『吾輩は猫である (1-6)』の実際の 1905 年と合致することが分かる．

判別分析

　判別分析は量的変数から分析対象が所属するクラスを予測する手法である．前章で採り上げた回帰分析は量的変数から量的変数を予測する手法であったのに対し，本章で採り上げる判別分析は目的変数が質的変数となる．このように質的変数を予測することをデータサイエンスでは判別，あるいは分類という．

　判別分析は，例えば A と B の 2 つのクラスを持つデータに対して，データの各個体の所属するクラスが既知であるデータから 2 つのクラスの境界線を見つけ出す手法である．このような判別のための境界線が求まれば，所属クラスが不明である未知のデータの所属クラスを予測することができる．A と B という 2 つのクラスの判別を行うことを 2 群判別といい，3 つ以上のカテゴリを対象に判別を行うことを多群判別という．また，クラスの境界線を直線や（超）平面とする判別分析を線形判別分析といい，境界線が直線ではない判別分析を非線形判別分析という．

7.1　線形判別分析の考え方

　データの各個体の所属クラスの判別を目的とした分析手法は多く存在するが，まず古典的な手法である線形判別分析を採り上げる．線形判別分析の考え方を理解するために，2 つのクラスを持つ目的変数と 2 つの説明変数を持つデータを対象とした 2 群判別を例として線形判別分析を考える．ここで想定するデータを可視化すると，例えば図 7.1 のような散布図になる．図 7.1 のように各個体がクラス別に分離して配置されていると，A 群 (●) と B 群 (○) という 2 群の

間に境界となる直線が引けるように思われる．この境界となる直線を見つける
ことを目的とした分析手法が線形判別分析である．そして，この直線を用いる
ことで所属クラスが未知であるデータのクラスを判別するのである．この線形
判別分析の境界線は以下の数式が 0 と等しくなるときであり，(7.1) は判別関
数と呼ばれる．なお，X_1 と X_2 は説明変数である．

$$判別関数 = a_1X_1 + a_2X_2 + b \tag{7.1}$$

　回帰分析において回帰式の係数と定数項を求めたように，判別分析でも数式
(7.1) の係数と定数項を推定する．そこで判別分析では，各群の母分散が等しい
という仮定をし，2 つの群間の分散と群内の分散の比が最大になるように判別
関数の係数と定数項を求める．これは簡単な計算ではないために本書では割愛
するが，R などの統計解析ソフトでは簡単に判別関数を推定することができる．

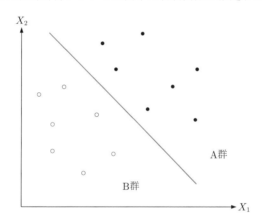

図 7.1　判別のための境界線の引き方

　また，説明変数が 2 つの場合を例としているため数式 (7.1) のようになって
いるが，説明変数がさらに増える場合も同様で判別関数は次のようになる．

$$判別関数 = a_1X_1 + a_2X_2 + \cdots + a_nX_n + b \tag{7.2}$$

　次に，判別分析では結果を評価するために，構築したモデルを用いて既知の
データの目的変数，すなわち各個体の所属するクラスを改めて予測する．実際
の所属クラスとモデルによって予測されたクラスのクロス表は混同行列と呼ば
れ，分析結果の確認を行う際に用いられる．混同行列の対角成分の和が実際の
所属クラスと予測されたクラスが一致した件数である．ここで興味があるのは

予測が失敗した件数であり，予測に失敗した件数の全体に対する割合を誤判別率という．誤判別率が低ければ良い判別モデルであると判断される．

		予測されたクラス	
		A	B
実際のクラス	A	a	b
	B	c	d

図 7.2　混同行列の例

7.2　判別分析の精度評価

判別分析とは既知のデータからモデルを構築し，このモデルを用いて未知のデータのクラスを予測するために行う分析手法である．したがって，未知のデータのクラスを予測する前に，構築されたモデルの判別精度を評価することが重要である．そこで，モデルの評価のために交差検証（cross-validation）を行う．交差検証は交差確認とも呼ばれ，その他にもいくつかの和訳があることから，単にクロスヴァリデーションと呼ばれることも多い．交差検証の代表的な方法に k フォルドクロスヴァリデーションと呼ばれる方法と LOOCV（leave-one-out cross-validation）と呼ばれる方法がある．

まず，k フォルドクロスヴァリデーションは n 行あるデータを k 個に等分し，そのうちの 1 つをテスト用のデータとし，判別モデルの精度を評価するために用いる．残りの $k-1$ 個のデータは判別モデルを構築するためのデータとする．構築されたモデルを用いてテスト用のデータの判別を行うことで誤判別率を計算する．この操作を分割された k 個のデータすべてに行う．つまり，誤判別率の計算を k 回行うことになる．計算された k 個の誤判別率の平均値を求めることで判別分析の精度を評価する．

次に，LOOCV は n 行あるデータから 1 行除外し，これをテスト用のデータとする．そして，$n-1$ 行のデータを使用してモデルを構築する．構築されたモデルを用いてテスト用のデータの判別を行う．これを n 回繰り返し，すべての個体の判別を行う．n 個の判別結果を集計し誤判別率を計算し，これを判別分析の精度とするというものである．すなわち，LOOCV は k フォルドクロスヴァリデーションの特殊なケースであるといえる．

7.3 その他の判別分析

この他の判別分析として，マハラノビス距離による判別分析がある．ここで
もまた例として 2 群判別を考える．線形判別分析では 2 つの群の境界となる直
線を見つけることを試みた．このとき，2 つの群の分散は等しいということを
仮定している．しかし，現実のデータを判別するとき，2 つの群の分散が大き
く異なることがある．このような場合に適している判別分析がマハラノビス距
離による判別分析である．

2 つの群の分散が異なるときの例として，図 7.3 のような説明変数が 1 つし
かないときを考える．図 7.3 のように A 群 (●) と B 群 (○) という 2 つのカテゴ
リがあり，A 群 (●) と B 群 (○) が説明変数 X の大小によって 2 群が形成され
ているとき，星印のような未知のデータがあったとき A 群 (●) と B 群 (○) のど
ちらに判別されるべきだろうか．図 7.3 において A 群 (●) は分散が大きく広く
分布している．その一方で，B 群 (○) は分散が小さく比較的に固まって分布し
ている．例えば，各群の平均からの距離，すなわちユークリッド距離を用いて
星印の個体のカテゴリを判別すると，星印は B 群 (○) の平均との方が近く B
群 (○) と判別されることになる．しかし，図中において広く分布している A 群
(●) と判別されることの方が正しいように思われる．

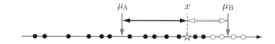

図 7.3 2 つの群の分散が大きく異なる場合の 1 変数の判別

このようなときに用いられる分析手法がマハラノビス距離を用いた判別分析
である．ユークリッド距離と異なり，マハラノビス距離は各群の平均と分散を
考慮した距離である．

マハラノビス距離の意味を解釈すると，標準偏差を単位として図 7.3 におけ
る x が対象となる群の平均からどのほど離れているかをあらわしている距離と
なる．図 7.3 に示した例は 2 群判別であるので，星印と A 群 (●) とのマハラノ
ビス距離と星印と B 群 (○) とのマハラノビス距離を求め，星印の個体はマハラ
ノビス距離が小さくなる方の群と判別されることになる．

線形判別分析やマハラノビス距離を用いた判別分析の他にも各個体が所属

するクラスを判別する分析手法はたくさんあり，現在では機械学習の手法も
多く提案されている．そのような手法の中で代表的なものとして k 近傍法 (k
nearest neighbor) や決定木などがある．

7.4   Rによる実践

R には様々な分析に用いることができるサンプルデータが用意されている．
ここでは，サンプルデータである iris と banknote を使用する．まず，iris
と呼ばれるデータは植物のアヤメの計測データである．このデータには 4 つの
量的な変数と 1 つの質的な変数がある．これらは Sepal.Length（アヤメのが
く片の長さ），Sepal.Width（アヤメのがく片の幅），Petal.Length（アヤメ
の花弁の長さ），Petal.Width（アヤメの花弁の幅），Species（アヤメの品種）
のである．このうち，Species が質的な変数であり，setosa, versicolor,
virginica という 3 つのカテゴリがある．また，これら 3 つの品種はそれぞ
れ 50 件ずつ計測されている．つまり，iris は 150 行 6 列のデータというこ
とになる．なお，線形判別分析はロナルド・フィッシャーによって提案された
分析手法であり，この線形判別分析を提案した論文に使用されていたデータが
iris である．

次に，banknote と呼ばれるデータはスイス紙幣の真札と偽札の計測データ
である．このデータには 1 つの質的な変数と 6 つの量的な変数がある．それら
は Status（紙幣の真贋），Length（紙幣の長さ），Left（紙幣の左側の長さ），
Right（紙幣の右側の長さ），Bottom（紙幣の底辺の余白の長さ），Top（紙幣
の上辺の余白の長さ），Diagonal（紙幣の対角線の長さ）であり，Status が
質的な変数で，genuine（真札）と counterfeit（偽札）の 2 つのカテゴリを
持つ．また，banknote では genuine と counterfeit はそれぞれ 100 件ずつ
計測されており，計 200 件の個体からなる．つまり，banknote は 200 行 7 列
のデータである．なお，Status を除く 6 つの量的な変数の単位はミリメート
ルである．

まず，データの準備を行う．iris はデフォルトの R に用意されているデー
タであり，以下のような data という関数を用いることで，データを読み込む
ことができる．

```
1 > data( iris )
```

一方，banknote は第 4 章で説明した通りである．

```
1 > library( mclust )
2 > data( banknote )
```

線形判別分析

ここでは iris を用いて線形判別分析の演習を行う．分析では Species を目的変数，Sepal.Length と Sepal.Width の 2 つの量的な変数を説明変数とする．ただし，Species は 3 つのカテゴリを持つため，このまま線形判別分析を行うと 3 群を判別することになる．そこで，ここでは分かりやすさのため，データから setosa と versicolor の合計 100 件を抜き出し，2 群を判別する線形判別分析を行う．

iris は 1 行目から順に setosa の計測データが 50 件，versicolor の計測データが 50 件あるため，次のように setosa と versicolor を抽出する．

```
1 > iris2 <- iris[1:100, ]
```

このように作成した iris2 の Species には setosa（50 件），versicolor（50 件），virginica（0 件）という情報が残っている．これが線形判別分析を行うときにエラーを生じさせる原因となるため，以下のようにカテゴリの再定義を行う．

```
1 > iris2$Species <- factor( iris2$Species )
```

線形判別分析は lda という関数によって実行される．この関数は Linear Discriminant Analysis の頭文字であり，MASS というパッケージを読み込むことで使用が可能となる．

```
1 > library( MASS )
2 > res.iris1 <- lda( Species ~ Sepal.Length + Sepal.Width, data
    = iris2 )
3 > res.iris1
4 > Call:
5 > lda(Species ~ Sepal.Length + Sepal.Width, data = iris2)
```

```
 6
 7  Prior probabilities of groups:
 8  setosa  versicolor
 9  0.5 0.5
10
11  Group means:
12  Sepal.Length  Sepal.Width
13  setosa    5.006    3.428
14  versicolor 5.936    2.770
15
16  Coefficients of linear discriminants:
17  LD1
18  Sepal.Length  2.560968
19  Petal.Length  -3.167079
```

分析結果の Coefficients of linear discriminants に出力されている
結果が判別関数における各変数の係数である．ただし，線形判別分析を行う関
数である lda では定数項が求められない．したがって，定数項を求めるために
次のような計算を行う．

```
1  > b <- -1 * apply( res.iris1$mean %*% res.iris1$scaling, 2, mea
      n )
2  > b
3       LD1
4  -4.196279
```

定数項を求めるときに用いた res.iris1$mean は線形判別分析の分析結果の
Group means が該当し，res.iris1$scaling は Coefficients of linear
discriminants が該当する．これらの出力結果から求められた判別関数は次
のようになる．

$$Y = 2.56 \times \texttt{Sepal.Length} - 3.17 \times \texttt{Sepal.Width} - 4.20$$

上記の分析では説明変数が2つであることから，単回帰分析と同様に散布図を
用いて線形判別分析の結果を可視化することができる．散布図の作成には plot
関数を用い，setosa と versicolor を判別する境界線の作成には abline 関
数を用いる．また，abline 関数を使用するときに，境界線の係数と定数項が
必要となるため，以下のように計算する．

```
1  > plot( Sepal.Width ~ Sepal.Length, data = iris2,
2  > col = unclass( iris2$Species ), pch = 16 )
3  > a1 <- res.iris1$scaling[1, 1]
4  > a2 <- res.iris1$scaling[2, 1]
5  > abline( -b/a2, -a1/a2 )
```

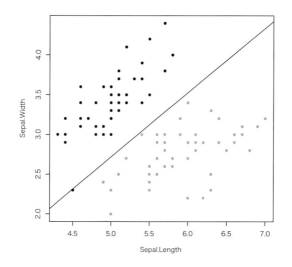

図 7.4 線形判別分析の分析結果

　ここで，a1は判別関数における Sepal.Length の係数，a2は Sepal.Width の係数，bは上述のように定数項である．なお，abline 関数については，第1引数が境界線の定数項，第2引数が係数である．これらを用いることで，図7.4が作成される．

　以上の分析では対象となるデータをすべて用いて線形判別分析を行った．実際の分析では線形判別分析によって求められた判別モデルの精度を検証する必要がある．そこで，kフォルドクロスヴァリデーションを行って判別モデルの精度の検証を行う．ここでは$k=3$として，上述の分析で使用したデータを3つに分割し，線形判別分析を行う．

　分析に用いるデータは100行のデータであるので，刻み幅を3とする1から100までの数列，2から98までの数列，3から99までの数列を作成し，これらの数列とデータ iris2 の行番号を対応させることでデータの分割を行う．ま

ず，刻み幅を3とする1から100までの数列に対応するデータをテストデータ
とし，他のデータに対して線形判別分析を行い，判別モデルを構築し，誤判別
率を求める．この処理を残りの2つの数列に対しても行い，誤判別率の平均値
を求める．

```
1  > x <- seq( 1, 100, by = 3 )
2  > y <- seq( 2, 98, by = 3 )
3  > z <- seq( 3, 99, by = 3 )
4  >
5  > iris2.x <- iris2[-x, ]
6  > iris2.yz <- lda( Species ~ Sepal.Length + Sepal.Width, data =
       iris2.x )
7  > iris2.pred1 <- predict( iris2.yz, iris2.x )
8  >  table( iris2.x[, 5], iris2.pred1$class )
9
10 setosa  versicolor
11   setosa      33       0
12   versicolor   0      33
```

　構築した判別モデルにテストデータを代入し，判別結果を予測するときに使
用する関数は回帰分析と同様に predict である．混同行列を作成する関数は
table であり，実際のデータのカテゴリ (iris2.x[,5])，判別モデルによって
予測されたカテゴリ (iris2.pred1$class) の順に記述する．混同行列より，
誤判別は0件のため誤判別率は0％ということになる．同様の処理を繰り返す．

```
1  > iris2.y <- iris2[-y, ]
2  > iris2.zx <- lda( Species ~ Sepal.Length + Sepal.Width, data =
       iris2.y )
3  > iris2.pred2 <- predict( iris2.zx, iris2.y )
4  > table( iris2.y[, 5], iris2.pred2$class )
5
6  setosa  versicolor
7    setosa      32       1
8    versicolor   0      34
9
10 > iris2.z <- iris2[-z, ]
11 > iris2.xy <- lda( Species ~ Sepal.Length + Sepal.Width, data =
       iris2.z )
12 > iris2.pred3 <- predict( iris2.xy, iris2.z )
```

```
13 > table( iris2.z[, 5], iris2.pred3$class )
14
15 setosa  versicolor
16   setosa      34      0
17   versicolor   0     33
```

　以上のようにデータを3つに分割し，それぞれに対して線形判別分析を行っ
た．2回目の分析における誤判別は67件中1件のため，誤判別率は0.01492537
となる．また3回目の分析では誤判別はなかった．よって，kフォルドクロス
ヴァリデーションによって求められるモデルの精度は次のようになる．

```
1 > mean(c(0, 1/67, 0))
2 [1]  0.004975124
```

　したがって，Sepal.LengthとSepal.Widthを説明変数として，setosaと
versicolorを判別するモデルの精度は非常に高いといえる．

　次に，判別モデルの精度をLOOCVで検証する．LOOCVを実行するには
ldaを実行するときにCV = TRUEという引数を追加する．以下では先ほど作成
したiris2を用いて線形判別分析を行う．また，説明変数としてSepal.Length
とSepal.Widthの2つの変数を用いる．

```
1 res.iris2 <- lda( Species ~ Sepal.Length + Sepal.Width, data =
      iris2,
2 CV = TRUE )
3 res.iris2$class
4 (結果は省略)
```

　iris2は観測個体が100件あるため，LOOCVによって100件すべてがど
の品種であるか予測される．各個体の予測結果はres.iris2$classとRコン
ソールに記述することで出力される．次いで，混同行列を作成し，誤判別率を
求める．

```
1 table( iris2[, 5], res.iris2$class )
2 setosa  versicolor
3   setosa      49      1
4   versicolor   0     50
```

したがって，誤判別率は 1/100，すなわち 1.00% であった．先に示した k フォールドクロスヴァリデーションの結果と同様に，Sepal.Length と Sepal.Width を説明変数として，setosa と versicolor を判別するモデルの精度は高い．

▌マハラノビス距離を用いた判別分析▐

次にマハラノビスの距離を用いた判別分析の演習を行う．R ではマハラノビスの距離を求める関数として mahalanobis がある．ここでは演習に用いるデータとして banknote を用いる．先にふれたように，banknote には genuine と counterfeit という 2 つのカテゴリを持つ質的な変数の Status があり，この Status を目的変数とする．よって，分析では 2 群判別を行う．また，その他の 6 つの量的な変数を説明変数とする．

マハラノビスの距離を求めるためには各群の平均値，分散，共分散が必要である．実際の分析では上述の線形判別分析のように判別モデルの精度検証のために k フォールドクロスヴァリデーションや LOOCV を行うが，ここでは banknote のすべて観測個体を用い genuine と counterfeit のそれぞれの平均値および分散を求める．用いる関数は apply と var である．なお，banknote において 1 行目から 100 行目までが genuine，101 行目から 200 行目までが counterfeit であり，Status は 1 列目の変数である．

```
1  mean.g <- apply( banknote[ 1:100, -1 ], 2, mean )
2  mean.c <- apply( banknote[ 101:200, -1 ], 2, mean )
3  var.g <- var( banknote[ 1:100, -1 ] )
4  var.c <- var( banknote[ 101:200, -1 ] )
```

次に，求められた genuine と counterfeit の平均値と分散を用い，すべての観測個体について，genuine の平均からのマハラノビスの距離と counterfeit の平均からのマハラノビスの距離を求める．よって，各観測個体は genuine の平均からのマハラノビスの距離が counterfeit の平均からの距離よりも短ければ genuine と判別され，反対に counterfeit の平均からの距離が genuine の平均からの距離よりも短ければ counterfeit と判別される．

```
1  bn.g <- mahalanobis( banknote[ , -1 ], mean.g, var.g )
2  bn.c <- mahalanobis( banknote[ , -1 ], mean.c, var.c )
3  res.bn <- ifelse( bn.g > bn.c, "counterfeit", "genuine" )
```

　このように求められた判別結果を用い，混同行列を作成し，誤判別率を求める.

```
1  table(banknote[, 1], res.bn)
2  counterfeit genuine
3    counterfeit    100    0
4    genuine          1   99
```

　混同行列より誤判別率は 1/200，すなわち 0.50%である．実際には真札（genuine）であるにも係わらず，偽札（counterfeit）と判別されたケースが 1 件あることが分かる.

　このように，マハラノビスの距離を用いた判別分析では線形判別分析を実行する lda のような関数はない．しかし，各観測対象と各群の中心とのマハラノビスの距離を直接求めることで判別分析を実行できる.

主成分分析

第3章において量的なデータを可視化するいくつかの方法を採り上げた．1変数であればヒストグラムや箱ひげ図で可視化し，2変数であれば散布図を用いてデータを可視化することになる．3変数のデータであれば平面の散布図に高さを追加した3次元散布図で可視化することも可能である．しかし，3次元散布図は見る角度によってグラフの見え方が変わり，3次元散布図からデータの特徴を解釈することは容易ではなく，また誤った解釈をしてしまう可能性もある．

さらに，4変数以上の多次元データとなれば単純に可視化することは不可能である．当然のことながら，4つ以上の変数を持つデータは世の中に数多く存在し，多次元データの特徴を可視化するよう求められることは非常に多い．このようなときに用いられる分析手法が主成分分析である．主成分分析はデータの有する情報の損失を可能な限り抑え，主成分と呼ばれる合成変数を新たに作ることで少ない変数で多次元データの特徴を説明するための手法である．したがって，4つ以上の変数を持つデータであっても，主成分分析を行うことでデータの構造を散布図などのグラフで表現することが可能になるのである．

8.1　主成分分析の考え方

主成分分析では所与のデータから主成分と呼ばれる合成変数を生成し，この合成変数を用いることで，多次元データを少ない変数で説明する．一般には所与の多次元データの特徴を説明するために第1主成分と第2主成分が用いられ

る．第1主成分は所与のデータの情報を最も多く有している合成変数であり，第2主成分は第1主成分に次いで所与のデータの情報を多く有している合成変数である．変数が2つとなれば，散布図を作成することができることから，所与のデータにいくつ変数があっても可視化することができるようになる．なお，主成分は所与のデータにある変数の数と同じ数だけ生成される．例えば，所与のデータに4つの変数があるとすると，合成変数である主成分も4つ生成される．この4つの主成分の中で最も所与のデータの情報を保持している合成変数が第1主成分であり，最も所与のデータの情報を保持していない合成変数が第4主成分である．

　主成分分析は多次元データに対する分析手法であるため，変数の少ないデータに対して行われることはまずない．しかし，主成分分析の考え方を理解するために，2つの変数 x と y から成るデータを例とする．ここで，所与のデータを可視化すると図8.1のような散布図で表現されたとする．

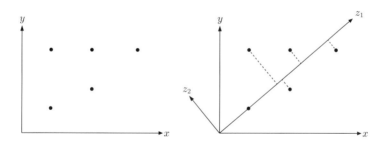

図8.1 所与のデータ（左図）と合成変数の生成イメージ（右図）

　そこで，この5つの個体を図中の z_1 のような直線に射影する．z_1 は下記の数式であらわされる．a と b はそれぞれ x と y の係数である．したがって，z_1 は x と y の合成変数であるといえる．

$$z_1 = ax + by \tag{8.1}$$

所与のデータを z_1 のような直線に射影することで，x と y の2つの変数であらわされていた5つの個体の関係性を1つの変数でおおよそ説明できる．主成分分析では対象となる個体の射影後の分散が最大となる直線を，元の2つの変数の情報を最も多く有している合成変数であると考える．そのため，主成分分析は観測個体の分散が最大となる軸を探す手法であるといえる．

このように，主成分分析は所与のデータの特徴を，元々のデータの変数の数より少数の合成変数によって十分な解釈を可能とするのである．それゆえ主成分分析は次元縮約の手法と呼ばれる．

主成分分析がどのような分析手法であるのか，まずそのイメージを見てきた．次に主成分分析の数理的なプロセスを簡単に見ていく．主成分分析では最初に所与のデータの分散共分散行列あるいは相関係数行列を求める．分散共分散行列と相関係数行列の相違は主成分分析を行うときにデータを標準化するか否かである．分散共分散行列を用いるのであればデータを標準化せずそのまま主成分を求め，相関係数行列を用いるのであればデータを標準化してから主成分を求めることになる．対象となるデータに身長と体重のように単位の異なる変数が存在すると，各変数の範囲が大きく異なることがある．このような場合，データを標準化することですべての変数を平均 0 かつ分散 1 となるように変換してから分析することができる．このようなことから，主成分分析を行うときは相関係数行列が用いられることが多い．

次に，分散共分散行列あるいは相関係数行列の固有方程式を解き，固有値と固有ベクトルを求める．ここで求められる固有値が主成分の分散に相当する．固有値は元のデータの変数の数と同じだけ求められる．例えば表 8.1 のような 2 変数のデータであれば固有値は 2 つ求められる．これらの固有値は λ_1, λ_2 と表記される．このとき，最も大きい固有値が第 1 主成分の分散になり，次に大きい固有値が第 2 主成分の分散となる．主成分分析では分散のより大きい主成分が元データに関する情報をより多く持っていると考える．そのため第 2 主成分より第 1 主成分の方が元のデータの情報をより多く保持しているということになる．

ここまでの主成分分析のプロセスを表 8.1 のデータを例に実際に行う．表 8.1 は 4 人の学生の理科と社会のテストの点数をまとめた表である．

表 8.1　4 人の学生の理科と社会の点数

	理科	社会
A	30	50
B	45	25
C	60	40
D	25	35

まず，表 8.1 のデータの相関係数行列を求めると，理科と社会の 2 つの変数しかないため，表 8.2 のような 2 行 2 列の行列が得られる．

表 8.2 理科と社会の点数の相関係数行列

	理科	社会
理科	1.000	−0.203
社会	−0.203	1.000

次に，この相関係数行列の固有方程式は次のような数式になり，これを解いて固有値と固有ベクトルをそれぞれ求める．

$$\left| \begin{pmatrix} 1.000 & -0.203 \\ -0.203 & 1.000 \end{pmatrix} - \lambda \begin{pmatrix} 1 & 0 \\ 0 & 1 \end{pmatrix} \right| = 0 \tag{8.2}$$

所与のデータは変数が 2 つであるため，求められる固有値は次の 2 つである．λ_1 が第 1 主成分の分散，λ_2 が第 2 主成分の分散となる．

$$\lambda_1 = 1.203, \quad \lambda_2 = 0.797 \tag{8.3}$$

次いで，固有ベクトルは以下のようになる．

$$\begin{pmatrix} 0.707 \\ -0.707 \end{pmatrix}, \quad \begin{pmatrix} 0.707 \\ 0.707 \end{pmatrix} \tag{8.4}$$

主成分分析において固有ベクトルは主成分を求める式における係数，すなわち数式 (8.1) の a と b をあらわしている．したがって，第 1 主成分と第 2 主成分を求める数式は下記のようになる．

$$z_1 = 0.707x - 0.707y \tag{8.5}$$

$$z_2 = 0.707x + 0.707y \tag{8.6}$$

ただし，相関係数行列を用いて主成分分析を行う場合は，表 8.1 の 4 人の点数をそのまま数式 (8.5) および数式 (8.6) の x と y に代入するのではない．先にふれたように相関係数行列を用いた主成分分析はデータの標準化を行っている．そのため，表 8.1 の各変数を標準化した値を数式 (8.5) および数式 (8.6) に代入しなくてはならない．表 8.3 は表 8.1 を標準化したものであり，これらの値を数式 (8.5) に代入して得られる値が第 1 主成分の主成分得点となり，数式 (8.6) に代入すると第 2 主成分の主成分得点が得られる．

表 8.3　4 人の学生の標準化した理科と社会の点数

	理科	社会
A	−0.632	1.201
B	0.316	−1.201
C	1.265	0.24
D	−0.949	−0.24

　分散共分散行列を用いた主成分分析においても，分析のプロセスは相関係数行列を用いた主成分分析と同様である．表 8.1 のデータの分散共分散行列を求めると表 8.4 のようになる．

表 8.4　理科と社会の点数の相関係数行列

	理科	社会
理科	250.000	−33.333
社会	−33.333	108.333

　この分散共分散行列の固有方程式は数式 (8.7) のようになり，固有値と固有ベクトルは数式 (8.8) および数式 (8.9) の通りである．

$$\left| \begin{pmatrix} 250.000 & -33.333 \\ -33.333 & 108.333 \end{pmatrix} - \lambda \begin{pmatrix} 1 & 0 \\ 0 & 1 \end{pmatrix} \right| = 0 \tag{8.7}$$

$$\lambda_1 = 257.451, \quad \lambda_2 = 100.882 \tag{8.8}$$

$$\begin{pmatrix} -0.976 \\ 0.218 \end{pmatrix}, \quad \begin{pmatrix} -0.218 \\ -0.976 \end{pmatrix} \tag{8.9}$$

　分散共分散行列を用いる場合においても，数式 (8.9) の固有ベクトルは主成分得点を求める数式の係数となる．したがって，分散共分散行列を用いた主成分分析において主成分得点を求める式は次のようになる．

$$z_1 = -0.976(x - \overline{x}) + 0.218(y - \overline{y}) \tag{8.10}$$

$$z_2 = -0.218(x - \overline{x}) - 0.976(y - \overline{y}) \tag{8.11}$$

　表 8.1 の値を数式 (8.10) および数式 (8.11) に代入するときに各変数の平均を引くことによって，2 つの主成分の平均値が 0 となる．このような処理を中

心化という.

　主成分分析ではこのように求められた第 1 主成分と第 2 主成分の主成分得点の散布図を用いることでデータの可視化を行うことが一般的である.例として用いた表 8.1 のデータは 2 変数であるため,主成分分析を行う必要性はない.しかし,実際に主成分分析が行われるときは 4 変数以上のデータを対象にすることが常であり,主成分分析を行うことで容易にデータの特徴を可視化できる.

8.2　主成分分析の結果の解釈

　所与の多次元データの特徴を可視化するとき,主成分分析によって求められた第 1 主成分と第 2 主成分の主成分得点を用いて,一般的には図 8.2 のような散布図を作成する.図 8.2 は表 8.1 のデータに対して相関係数行列を用いた主成分分析を行った結果である.表 8.1 のデータは 2 変数のデータであるので,主成分分析を行う必要性はない.しかし,3 変数以上の多次元データを分析する場合も,2 変数のデータを分析するときと同様に第 1 主成分を横軸,第 2 主成分を縦軸とした散布図を作成することが多い.これによって,所与の多次元データがどのような特徴を持つのか直感的に理解できるようになるのである.なお,主成分は英語では Principal Component といい,そのため図中では第 1 主成分を PC1,第 2 主成分を PC2 と表記している.

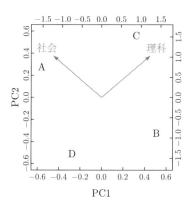

図 8.2　主成分得点を用いた散布図

　図 8.2 では観測個体の A と D が図 8.2 の左側に，B と C が右側に位置している．このようなとき，第 1 主成分がどのような意味を持つのか検討を加える必要がある．他方，A と C は図 8.2 の上側に，B と D が下側に位置している．ここでは第 2 主成分がどのような意味を持つのか検討を加えなくてはならない．

　主成分分析は所与のデータの次元縮約を行う手法であるから，第 1 主成分を考察するためには所与のデータがどのように合成され第 1 主成分が生成されたのかを考えればよい．すでに述べたように第 1 主成分の分散は数式 (8.2) で求められた最大固有値が対応していたが，その際に求められた固有ベクトルが数式 (8.5) のように主成分得点を求める数式の係数になる．すなわち固有ベクトルを見れば第 1 主成分がどのように合成されたのか分かるのである．数式 (8.5) を解釈すると，理科の係数が正の値で社会の係数が負の値である．つまり，理科の点数が高く社会の点数が低いと第 1 主成分の主成分得点が大きくなる．したがって，そのような観測個体は図 8.2 において右側に付置されることになる．反対に理科の点数が低く社会の点数が高いと第 1 主成分の主成分得点が小さくなり，図中の左側に付置される．

　同様に数式 (8.6) から第 2 主成分を解釈すると，理科と社会の係数がどちらも正の値であるから，両科目の点数が高い観測個体は第 2 主成分の主成分得点が大きくなる．つまり，図中において上側に配置される．一方で，理科と社会のいずれも点数が低い観測個体は主成分得点が小さくなり，図中において下側に配置される．

　以上より，図 8.2 を解釈すると，社会に比べて理科が得意な個体は B と C であり，理科に比べて社会が得意な個体は A と D ということになる．また，点数が高い個体は A と C であり，点数が低い個体は B と D であるとなる．このように主成分分析を行うことで，主成分得点と固有ベクトルから多次元データの特徴を解釈することができるのである．

　ただし，第 1 主成分と第 2 主成分では，それぞれが有している情報量が同様ではないということに留意する必要がある．先に述べたように，主成分分析とは元のデータの有する情報の損失を可能な限り抑えて次元縮約を行う手法である．そこで，主成分分析によって求められた合成変数である主成分が元データの情報をどれほど保持しているのか評価するために寄与率という指標がある．これはすべての主成分の分散の総和に対する各主成分の分散の割合によって求

められる．つまり，主成分分析では各主成分の分散が大きいほど元のデータの
情報を多く保存していると考えるのである．

$$寄与率 = \frac{\lambda_i}{\lambda_1 + \lambda_2 + \cdots + \lambda_n} \tag{8.12}$$

数式 (8.12) における分散は，数式 (8.2) や数式 (8.7) において求められた固
有値が該当する．固有方程式を解くことで求められる固有値の中で最大の固有
値が第 1 主成分の固有値となり，次に大きい値の固有値が第 2 主成分の固有値
となる．したがって，第 1 主成分の寄与率が他の主成分より大きくなり，元の
データの情報が最も多く縮約された主成分となる．表 8.1 のデータに対して相
関係数行列を用いた主成分分析を行ったときの第 1 主成分の寄与率は 0.601 と
なり，第 2 主成分の寄与率は 0.399 となる．当然ではあるが，第 2 主成分まで
の寄与率を合算した累積寄与率は 1.000 となる．

8.3　R による実践

ここでは第 6 章の回帰分析において使用した夏目漱石のデータを対象とし
て主成分分析を行う．第 6 章では夏目漱石 22 作品の小説における「た」「だ」
「ない」「ず」という 4 つの単語の出現率と 22 作品の「出版年」を変数とした
データを作成した．本章でもこのデータを用いる．第 6 章で作成したデータ
の soseki は 1 列目の変数が「出版年」である．主成分分析は回帰分析と異な
り，目的変数を分析に必要としないため，5 つの変数のうち「出版年」を除く
4 つの変数に対して分析を行う．なお，『吾輩は猫である』は 1 章から 6 章まで
が 1905 年に，7 章から 11 章までが 1906 年に出版されているため，soseki で
は『吾輩は猫である』を 2 つに分割している．よって，soseki は 23 行 5 列の
データである．

▍相関係数行列を用いた主成分分析 ▍

主成分分析を実行する関数は prcomp である．この prcomp は主成分の英語
である Principal Component の pr と comp である．

```
1  res1 <- prcomp( soseki[, -1], scale = TRUE )
2  summary( res1 )
3
4  Importance of components:
```

5		PC1	PC2	PC3	PC4
6	Standard deviation	1.4611	1.2095	0.51983	0.36354
7	Proportion of Variance	0.5337	0.3657	0.06756	0.03304
8	Cumulative Proportion	0.5337	0.8994	0.96696	1.00000

　prcomp を実行するときに scale を TRUE にすると相関係数行列を用いた主
成分分析を行い，FALSE にすると分散共分散行列を用いた主成分分析を行う．
デフォルトでは FALSE になっているため，相関係数行列を用いる場合は必ず
scale = TRUE としなくてはならない．上記の分析では prcomp によって得ら
れた主成分分析の結果を res1 というオブジェクトに代入している．この res1
に summary 関数を用いることで，各主成分の標準偏差，寄与率，累積寄与率が
計算される．上から順に Standard deviation が標準偏差，Proportion of
Variance は寄与率，Cumulative Proportion が累積寄与率である．
　また，主成分分析によって求められた主成分得点と固有ベクトルも res1 に
格納されている．主成分得点を出力するには res1$x を実行し，固有ベクトル
を出力するには res1$rotation を実行する．なお，主成分得点および固有ベ
クトルを出力するときに，round という関数を使用して小数点第5位で四捨五
入を行った．

1	round(res1$x, 4)				
2					
3		PC1	PC2	PC3	PC4
4	吾輩は猫である（1−6）	-1.2456	-0.3623	-0.9300	0.0056
5	幻影の盾	-0.1884	1.8704	0.0920	-0.4457
6	琴のそら音	-0.8003	0.7268	-0.3577	-0.2677
7	一夜	-0.1250	1.4540	0.1093	-0.8194
8	薤露行	-0.9585	3.3833	0.3797	0.7455
9	吾輩は猫である（7−11）	-1.8806	-0.6641	-0.0562	0.0080
10	趣味の遺伝	-2.4927	-0.1712	0.5201	0.5710
11	坊っちゃん	-2.6408	-2.4668	1.3010	-0.3544
12	草枕	-1.5808	0.4546	0.2313	0.1551
13	二百十日	0.2702	0.5393	-0.0990	-0.7832
14	野分	-0.5675	0.8403	-0.3071	0.1634
15	虞美人草	-0.1382	0.9529	-0.3004	-0.1201
16	坑夫	-1.0207	-1.6619	-0.5514	0.1135
17	文鳥	0.4834	-0.6541	-0.1496	-0.1954
18	夢十夜	0.3402	-0.9014	-0.8791	0.2776

19	三四郎	0.0911	-0.9005	-0.8114	0.0930
20	それから	1.4439	-0.4621	-0.1271	0.1905
21	門	1.9863	-0.1502	0.4012	-0.0204
22	彼岸過迄	1.2773	-0.5166	-0.0045	0.0952
23	行人	1.7380	-0.4880	0.3857	0.1953
24	こころ	1.8222	-0.3781	0.2083	0.2012
25	道草	2.1016	-0.2277	0.4779	0.1047
26	明暗	2.0851	-0.2166	0.4670	0.0868

```
27
28 round( res1$rotation, 4 )
29
30          PC1       PC2       PC3       PC4
31 た     0.5707   -0.3836    0.3797    0.6189
32 だ    -0.5387   -0.4031    0.7146   -0.1915
33 ない  -0.4897   -0.5115   -0.5339    0.4620
34 ず    -0.3799    0.6548    0.2452    0.6056
```

図 8.2 のような散布図は上記の主成分得点と固有ベクトルを重ね合わせたグラフであり，バイプロットと呼ばれる．バイプロットは biplot 関数を用い作図する．

```
1 biplot( res1 )
```

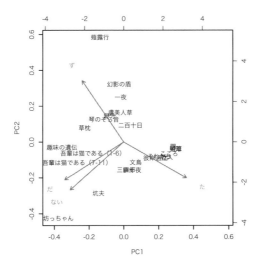

図 8.3 biplot による主成分分析の結果の可視化

　また，主成分得点だけを可視化するときには plot 関数を用いる．ここでは第 1 主成分と第 2 主成分の主成分得点を用いて散布図を作成するが，他の主成分の主成分得点を用いて作図することも可能である．

```
1  plot( res1$x[, 1:2], type = "n" )
2  text( res1$x[, 1:2], lab = rownames(soseki) )
```

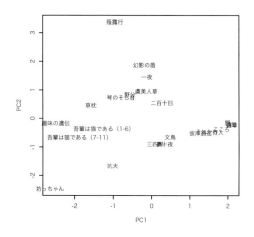

図 8.4　第 1 主成分と第 2 主成分の散布図

　散布図の他にも棒グラフを用いて主成分得点や固有ベクトルを可視化することがある．例えば，第 1 主成分の主成分得点の棒グラフを作成するには下記のように行う．なお，文字数の多い文字列は棒グラフの横軸に表示させることが難しい．そこで，barplot 関数に las = 2 という引数を書き加えている．これは横軸のラベルを 90 度回転させる処理である．また，この処理に伴い，グラフ下部の余白を広く設定しなければラベルがすべて表示されない．そのため，棒グラフを作成する前に par 関数を使用してグラフの余白の設定を行っている．

```
1  par( mar = c( 12, 4, 4, 2 ) )
2  barplot( res1$x[, 1], las = 2 )
```

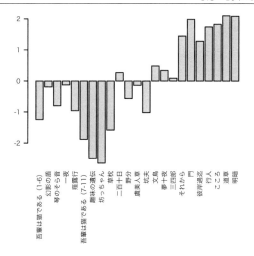

図 8.5 第 1 主成分の主成分得点の棒グラフ

　第 6 章で作成した soseki というデータは出版年順にソートされている．各作品の出版年については表 6.1 を参照されたい．図 8.5 を見ると，『吾輩は猫である』から『坑夫』までの 12 作品は『二百十日』を除き，第 1 主成分の主成分得点が負の値になっている．一方の『文鳥』から『明暗』までの 10 作品は主成分得点が正の値になっている．したがって，図 8.5 から本章の主成分分析によって求められた第 1 主成分に夏目漱石の文体の変化が現れていると推測される．

分散共分散行列を用いた主成分分析
　分散共分散行列を用いた主成分分析も相関係数行列を用いた主成分分析と同様である．先に述べたように prcomp を実行するときに scale = FALSE とするだけである．これに加えて，バイプロットを作成する．

```
1 res2 <- prcomp( soseki[, -1], scale = FALSE )
2 biplot( res2 )
```

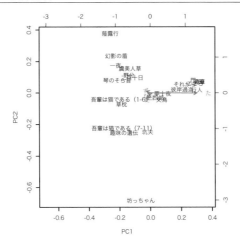

図 8.6   分散共分散行列を用いた主成分分析の biplot

図 8.6 における夏目漱石の小説の配置は図 8.3 と大きく異なることが分かる．これは「た」という単語の出現率が他の 3 つの単語の出現率に比べて高いことに起因する．これら 4 つの単語の出現率の平均値を求めると，「た」が 0.4491，「だ」が 0.0330，「ない」が 0.0278，「ず」が 0.0296 となる．このように各変数の範囲が大きく異なるときは相関係数行列を用いる主成分分析を行った方がよい．

階層的クラスター分析

9.1 階層的クラスター分析の考え方

　階層的クラスター分析では，その名の通り階層的に個体をクラスターにまとめていく手法である．階層的クラスター分析は大きく分けて4つの段階を踏んで行われる．まず，データにあるすべての個体間の距離を求める．次に，距離の近い個体の組を1つのクラスターとする．生成されたクラスター間の距離を求め，距離の近いクラスターの組をより大きなクラスターにまとめる．このような2つのクラスターの結合をすべての個体が1つのクラスターに含まれるまで繰り返す．最後に，クラスターが構築される過程をデンドログラムと呼ばれる樹形図を用いて可視化する．この階層的クラスター分析の一連のプロセスを図にすると図9.1のようになる．

　ただし，ここで注意しなくてはならないことが2つある．1つは個体間の距離をどのように定めるかということ，もう1つはクラスター間の距離をどのように求めるかということである．まず，前者の個体間の距離について見ていきたい．先にふれたように，階層的クラスター分析の最初のステップでデータにあるすべての個体間の距離を求める．距離が近い個体は似ており，すなわち類似度が高いということになり，反対に距離が遠いと類似度が低いということになる．また，距離といっても様々な種類の距離があり，代表的な3つの距離を解説する．

　1つめは最も日常的に使用される距離はユークリッド距離である．これは以

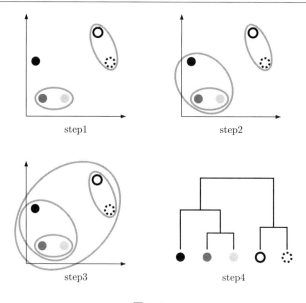

step1　　　　　　step2

step3　　　　　　step4

図 **9.1**

下の式で定義される.

$$d(x, y) = \sqrt{(x_1 - y_1)^2 + (x_2 - y_2)^2 + \cdots + (x_k - y_k)^2} \tag{9.1}$$

ユークリッド距離は平面であればピタゴラスの定理で示される距離であり,
図 9.2 の A と B の直線的な距離となる.

図 **9.2**　ユークリッド距離

次に,マンハッタン距離あるいは市街地距離と呼ばれる距離がある.この距
離は以下の式で定義される.

$$d(x, y) = \sum_{i=1}^{k} |x_i - y_i| \tag{9.2}$$

これを図示すると図 9.3 のようになり,マンハッタン距離は碁盤の目のよう
な街を移動するときの最短距離に当たる.なお,マンハッタン距離はどのよう
な経路を通ろうとも最短距離は常に一致する.

図 9.3 マンハッタン距離

これらの距離に加えて，第7章の判別分析において用いられたマハラノビス距離を用いる場合もある．マハラノビス距離は標準偏差を単位として x が対象となる群の平均からどれほど離れているかをあらわしている距離である．詳細は第7章を参照されたい．

この他にも標準化ユークリッド距離，キャンベラ距離，バイナリー距離，チェビシェフ距離などといった距離の定義がある．距離の他に類似度をあらわす指標を用いる場合もある．類似度をあらわすといえる代表的な指標として相関係数がある．ただし，距離は大きくなると類似度は低くなるが，相関係数は1に近づくと類似度が高くなると考えられる．そこで，相関係数を用いるときは1から相関係数の値を引くことで距離とみなして分析に用いることがある．これらの距離のどれか1つを分析者が選択し，分析対象となるデータの距離行列を求めることになる．一般的にユークリッド距離を用いることが多いが，データによっては他の距離を用いることもある．用いる距離によって最終的な分析結果であるデンドログラムが大きく変わってしまうことがあるため，先行研究を踏まえ注意深く用いる距離を決定しなくてはならない．

距離行列を求めた後に，クラスター間の距離をどのように求めるのか決める必要がある．クラスター間の距離を求める方法もいくつかあり，ここでは代表的な最近隣法，最遠隣法，群平均法，重心法，Ward法の5つの方法を解説する．

最近隣法は最短距離法や単リンクとも呼ばれる．最近隣法では，2つのクラスターを構成する個体を各クラスターから1つずつ選び，2つの個体間の距離を求める．これをすべての個体の組み合わせに対し行い，その中で個体間の距離が最短となるものをクラスター間の距離とする方法である．これを図示すると図9.4のようになる．

最遠隣法は最近隣法と似た方法ではあるが，最近隣法とは反対に，図9.5に示すように2つのクラスターにおける個体間の距離が最長となるものをクラスター間の距離とする方法である．なお，最遠隣法は最遠距離法や完全リンクと

も呼ばれる.

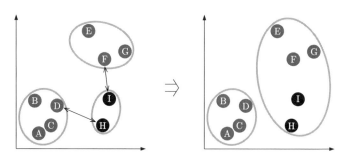

図 9.4　最近隣法

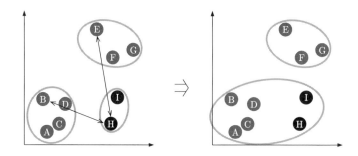

図 9.5　最遠隣法

　群平均法は平均リンクとも呼ばれる.すべての個体間の距離の平均値をクラスター間の距離とする方法である.

　重心法は図 9.7 のように 2 つのクラスターにおける重心を求め,その重心間の距離を 2 つのクラスター間の距離とする方法である.

　Ward 法は最も使用されるクラスターの結合方法である.Ward 法ではまず 2 つのクラスターを結合したときの重心を求め,その重心と結合後のクラスターに属している各個体との距離の平方和を求める.次に,結合前の 2 つのクラスターのそれぞれにおいて,重心とそのクラスターに属している各個体との距離の平方和を求める.最後に,結合後のクラスターから求められた値から結合前の 2 つのクラスターから求められた値を引くことで得られる値が Ward 法でのクラスター間の距離となる.また,Ward 法は最小分散法とも呼ばれ,上記の計算で求められた距離に基づいてクラスターの結合を行うことは,クラス

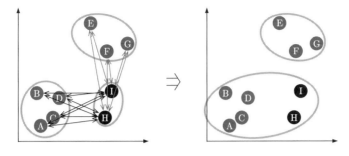

図 **9.6**　群平均法

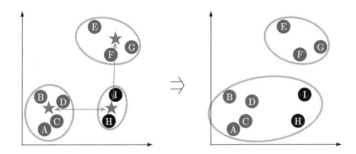

図 **9.7**　重心法

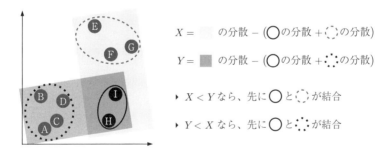

$X = \blacksquare$ の分散 $- (\bigcirc$ の分散 $+ \, \vdots$ の分散$)$

$Y = \blacksquare$ の分散 $- (\bigcirc$ の分散 $+ \, \vdots$ の分散$)$

▶ $X < Y$ なら、先に $\bigcirc$ と $\vdots$ が結合

▶ $Y < X$ なら、先に $\bigcirc$ と $\vdots$ が結合

図 **9.8**　Ward 法

ター内の分散に対するクラスター間の分散の比を最大化するという基準でクラスターを結合することと同様になる.

　これらの方法を用いてクラスター間の距離を求め，図 9.8 のようにクラスター間の距離が短いものから順にクラスターを結合する．このクラスターの結合のプロセスを可視化したグラフが図 9.9 に示したデンドログラムである．デ

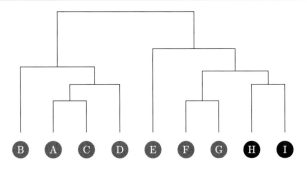

図 9.9 デンドログラム

ンドログラムは樹木を逆さまにしたようなグラフであることから樹形図とされ，各個体を葉，分析対象である個体の全体集合を根という．デンドログラムを根に近いところで切ると分析対象のデータは 2 つのクラスターに分割され，葉に近いところで切ればデータは 3 つ以上のいくつかのクラスターに分割される．

9.2 階層的クラスター分析の留意点

　階層的クラスター分析は主成分分析とは異なり，データをグループ分けするための客観的な情報を常に分析者に提供する．しかし，階層的クラスター分析ではどのような距離を用いるのか，どのようにクラスターを結合するのか，という 2 点を分析者が決定しなくてはならず，用いる距離やクラスターの結合方法によって分析結果が大きく異なる場合がある．そのため，分析者は距離と結合方法についてどのような選択をするのか，類似したデータに対する過去の分析事例や同様なテーマに対する研究事例などを参考にして，注意深く決定しなくてはならない．

　また，階層的クラスター分析はデータを分割するグループの数，すなわちクラスター数を分析の前に決定する必要がない．分析によって得られたデンドログラムを確認してからデータをどのように分割するのか検討することができる．その一方で，膨大な個体を含むデータを対象に階層的クラスター分析を行うと，極めて大きいデンドログラムが生成され分析結果を解釈することが困難になるということを留意しなくてはならない．

9.3 Rによる実践

　ここでは，第7章の判別分析の演習においても採り上げたアヤメのデータを用いて，階層的クラスター分析の演習を行う．このアヤメのデータはRに用意されているirisというサンプルデータである．アヤメのデータはSepal.Length（アヤメのがく片の長さ），Sepal.Width（アヤメのがく片の幅），Petal.Length（アヤメの花弁の長さ），Petal.Width（アヤメの花弁の幅），Species（アヤメの品種）という5つの変数を持つ．このうちのSpeciesが質的な変数であり，setosa，versicolor，virginicaという3つのカテゴリを持つ．これら3つの品種はそれぞれ50件ずつある．したがって，アヤメのデータは150行5列のデータである．

　階層的クラスター分析は分析結果としてデンドログラムを出力する．そこで，150件すべてのアヤメのデータを分析に用いると非常に大きなデンドログラムが生成されるため，本章ではsetosa，versicolor，virginicaの3つの品種からそれぞれ観測個体を5件ずつ抽出し，合計15件のデータを対象に階層的クラスター分析を行う．以下では1から150までの範囲で，1を初項とし公差を10とする数列を作成し，xというオブジェクトに代入する．このxを用い，アヤメのデータから15件のデータを抜き出したデータをiris2というオブジェクトに代入する．また，階層的クラスター分析は主成分分析と同様に目的変数を必要としない分析手法であるから，デンドログラムを生成するときにはSpeciesを用いない．よって，iris2を作成するときにirisの5列目の変数であるSpeciesの除外も同時に行う．

```
1  data( iris )
2  x <- seq( 1, 150, by = 10 )
3  iris2 <- iris[x, -5]
```

　次に，距離行列を作成し，階層的クラスター分析を実行する．距離行列を作成する関数はdistである．距離の定義にはユークリッド距離やマンハッタン距離などがあるが，ここではユークリッド距離による距離行列を作成する．次に，階層的クラスター分析を行う関数はhclustである．クラスターの結合方法にもいくつかの方法があるが，ここではWard法を行う．Ward法を行うためにはhclustにおいてmethod = "ward.D2"と指定する．なお，最近隣法を用

いるときは method に single,最遠隣法は complete,群平均法は average,
重心法は centroid と記述する.

```
1  iris.dist1 <- dist( iris2 )
2  res1 <- hclust( iris.dist1, method = "ward.D2" )
```

　階層的クラスター分析の結果であるデンドログラムを出力するためには plot
関数を用いる.

```
1  plot( res1 )
```

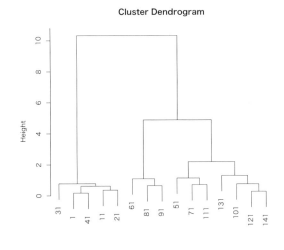

図 9.10 アヤメのデータのデンドログラム

　図 9.10 では各観測個体のラベルの高さが揃っていない.このようなグラフ
でも問題はないが,各観測個体のラベルの高さを揃えることでより見やすいデ
ンドログラムを作成できる.ラベルの高さを揃えるためには plot 関数を記述
するときに hang = -1 と書き足す必要がある.

```
1  plot( res1, hang = -1 )
```

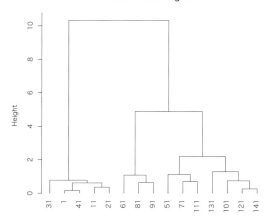

図 9.11　観測個体のラベルの高さを揃えたデンドログラム

　図 9.10 および図 9.11 では各観測個体の行番号を用いてデンドログラムが作成されている．デンドログラムにおいて示されている行番号がアヤメのどの品種に対応しているのか明確にした方が分析結果を理解しやすくなる．そこで，複数の文字列や数字を結合させ，1 つの文字列を作成する関数である paste を使用し，行番号の前に各品種の名称を追加する．新たに作成された文字列を y というオブジェクトに代入する．これを各観測個体のラベルとしてデンドログラムに反映させるには plot の中に labels = y と書き加える．

```
1  y <- c( paste("setosa", x[1:5]), paste("versicolor", x[6:10]),
       paste("virginica", x[11:15]) )
2  plot( res1, hang = -1, labels = y )
```

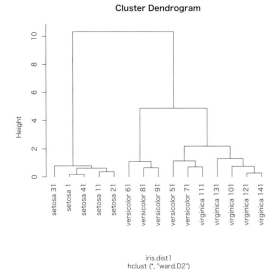

図 **9.12** ラベルを加工したデンドログラム

　階層的クラスター分析はデンドログラムを作成した後に，データ全体をいくつのクラスターに分割するのか決定するのが一般的である．この分析ではアヤメの 3 つの品種を用いているので，図 9.12 のデンドログラムを 3 つのクラスターに分割する．

```
1  rect.hclust( res1, k = 3 )
```

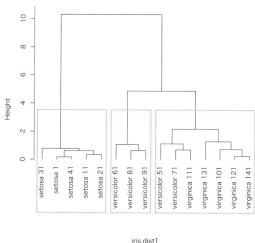

図 **9.13** 3つのクラスターに分割したデンドログラム

このとき，$k = 2$ とすると図 9.12 のデンドログラムは 2 つのクラスターに分割され，$k = 4$ とすると 4 つのクラスターに分割される．図 9.13 で求められたデンドログラムによると，setosa は 1 つのクラスターを形成するが，vesicolor は 61 番，81 番，91 番が 1 つのクラスターを形成するが，他の観測個体は virginica とクラスターを形成する．

先にも述べたように，階層的クラスター分析では用いる距離やクラスターの結合方法によって分析結果が異なることがある．そこで，マンハッタン距離および Ward 法による階層的クラスター分析とユークリッド距離および最近隣法による階層的クラスター分析の結果を示す．まず，前者の分析は次のように行う．マンハッタン距離を求めるには dist 関数において method = "manhattan"を書き加えればよい．

```
1  iris.dist2 <- dist( iris[x, -5], method = "manhattan" )
2  res2 <- hclust( iris.dist2, method = "ward.D2" )
3  plot( res2, hang = -1, labels = y )
4  rect.hclust( res2, k = 3 )
```

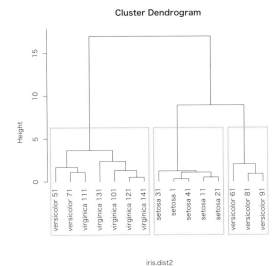

図 9.14 マンハッタン距離および Ward 法による分析結果

　図 9.13 と図 9.14 を比べると明らかであるが，分析に用いる距離を変えると分析によって得られるデンドログラムが変化する．図 9.13 では setosa が最初に枝分かれし 1 つのクラスターを形成したが，図 9.14 では setosa は最初に枝分かれせずに vesicolor の 61 番，81 番，91 番とより大きなクラスターを形成する．

　次に，ユークリッド距離と最近隣法による階層的クラスター分析を行う．先に述べたが，最近隣法を用いた階層的クラスター分析を行うには hclust 関数の引数である method において single を指定すればよい．

```
1  res3 <- hclust( iris.dist1, method = "single" )
2  plot( res3, hang = -1, labels = y )
3  rect.hclust( res3, k = 3 )
```

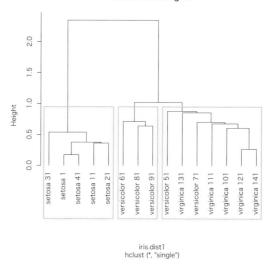

図 9.15　ユークリッド距離および最近隣法による分析結果

　図 9.15 が分析の結果として得られたデンドログラムである．このデンドログラムを 3 つのクラスターに分割すると，図 9.13 から得られた結果と同様になる．しかし，図 9.13 と図 9.15 では versicolor と virginica が混在しているクラスターの形成過程が異なる．

　このように，階層的クラスター分析ではどの距離を用いるのか，どのクラスターの結合方法を用いるのかによって，デンドログラムの形が異なる．したがって，どのように階層的クラスター分析を行うのか，先行研究を踏まえて慎重に判断する必要がある．

10

非階層的クラスター分析

　クラスター分析には階層的クラスター分析と非階層的クラスター分析がある．非階層的クラスター分析も階層的クラスター分析と同様にデータをいくつかのグループに分割するための手法である．階層的クラスター分析では特徴の似ている2つ個体を1つのクラスターとし，クラスターの結合を次々と繰り返し，そのプロセスをデンドログラムとして表現した．よって，分析者は階層的クラスター分析を行った後に，デンドログラムを見ながらデータをいくつのクラスターに分けるのか決定することができるのである．

　これに対して，非階層的クラスター分析はデータを分割する個数，すなわちクラスター数を決定してから分析を行う．そして，事前に決定した個数のクラスターが生成されるようにデータの特徴に基づいて分割するのである．つまり，階層的クラスター分析と非階層的クラスター分析は，データを分割するという目的は同一であるけれども，クラスター数を決定するタイミングが異なるのである．

10.1　非階層的クラスター分析の考え方

　非階層的クラスター分析はいくつかの初期値をランダムに与え，この初期値と各個体との距離を求め，この距離に基づいてデータの分割を行う．つまり，この初期値の個数がクラスターの数ということになる．非階層的クラスター分析にはいくつかのクラスタリングの方法があるが，中でも代表的な方法はk-means法と呼ばれる方法である．

　k-means 法によるクラスタリングは大きく分けて 5 つのステップがある．図 10.1 は k-means 法のクラスタリングのプロセスを可視化したイメージ図となる．まず，最初のステップでは k 個のランダムな初期値を与える．図中においては星印が初期値である．次に，データのすべての個体と k 個の初期値との距離を求め，各個体は最も距離の近い初期値と 1 つのクラスターを形成する．ここまでが 2 つ目のステップである．ステップ 3 では，ステップ 2 で形成された k 個のクラスターの重心を求める．図中では星印がこの重心に該当し，この重心はセントロイド（centroid）と呼ばれる．ステップ 4 はステップ 2 と同様に k 個のセントロイドと各個体との距離を求め，各個体は最も距離の近いセントロイドと 1 つのクラスターを再形成する．このステップ 3 とステップ 4 を繰り返し，クラスターを構成する個体に変動がなくなったときのクラスターを最終的なクラスターとする．

　このように k-means 法では初期値をランダムに与えることから，初期値の与え方によってはクラスタリングの結果が変わってしまうことがある．すなわち，k-means 法によるクラスタリングを繰り返し行うと，毎回同一の結果を得られるわけではない．特にデータに外れ値が含まれている場合，セントロイドを求めるときにセントロイドが外れ値の影響を受けてしまうことがある．この点を留意する必要がある．

　非階層的クラスター分析には k-means 法の他に k-medoids 法という手法もある．考え方は k-means 法と同様であるが，k-medoids 法は初期値の与え方が k-means 法と異なる．k-means 法では初期値をランダムに与えたが，k-medoids 法ではデータにある観測値の中から k 個の個体をランダムに選択する．このランダムに選択された個体をメドイド（medoid）という．メドイドとその他のすべての個体との距離を求め，各個体は最も近いメドイドとクラスターを形成する．次に，各クラスター内において，他の個体との距離の合計が最小となる個体を新たなメドイドとする．新たなメドイドとその他のすべての個体との距離を求め，各個体は最も近いメドイドとクラスターを再形成する．これらのステップを繰り返し，クラスターを構成する個体に変動がなくなったときのクラスターを最終的なクラスターとする．図 10.2 は k-medoids 法のクラスタリングのプロセスを可視化したイメージであり，k-means 法と非常に似た手法であることが分かる．

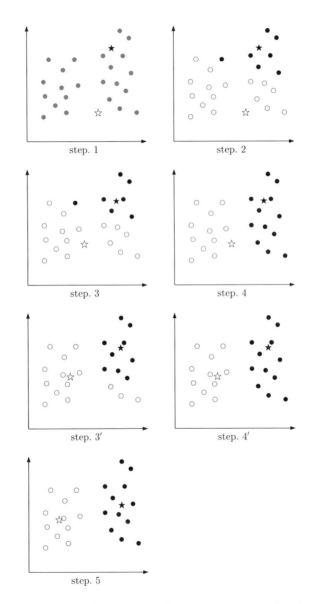

図 10.1　$k = 2$ のときの k-means 法によるクラスタリングのプロセス

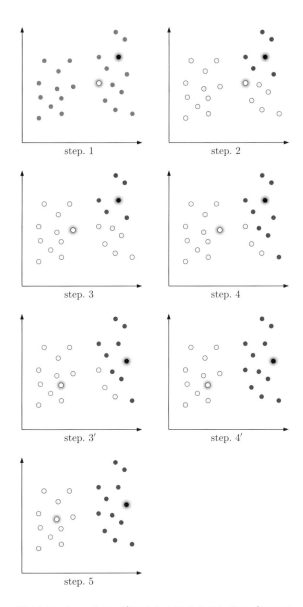

図 10.2 k-medoids 法によるクラスタリングのプロセス

10.2　非階層的クラスター分析の留意点

先にふれたようにデータに外れ値が含まれている場合，k-means 法はその影響を受けてしまう．その一方で，クラスターの重心を用いない k-medoids 法は外れ値に対して頑健である．これは平均値と中央値の関係に似ている．また，k-means 法と k-medoids 法のどちらも初期値がランダムであるため，分析を繰り返すと結果が変わる可能性があることに留意しなくてはならない．

また，階層的クラスター分析は分析対象の観測個体の数が膨大になると，それに比例してデンドログラムも大きくなる．そのため，このような場合，階層的クラスター分析は分析結果の解釈が困難であった．しかし，非階層的クラスター分析はデータを分割する前にクラスター数を決定し，デンドログラムに基づいて分析結果を解釈することもないため，対象となるデータの個体数が膨大であってもクラスタリングの結果は分かりやすい．したがって，観測個体が多数あるデータを対象にクラスタリングを行うときは非階層的クラスター分析を行うことが推奨される．

また，非階層的クラスター分析の結果を可視化するには，階層的クラスター分析のように専用の方法がないため，他の分析手法を用いる必要がある．詳細は次節で述べるが，主成分分析などを用いることで非階層的クラスター分析の結果を図示することができる．

10.3　R による実践

非階層的クラスター分析の演習では第6章および第8章に引き続き，夏目漱石のデータを使用して演習を行う．このデータは夏目漱石の小説22作品における「た」「だ」「ない」「ず」という4つの単語の出現率と22作品の「出版年」を変数とするデータである．第6章ではこのデータを soseki というオブジェクトに代入した．本章においてもこれを用いる．ただし，非階層的クラスター分析では主成分分析と同様に「出版年」という変数を分析に用いない．このデータの詳細については第6章および第8章を参照されたい．

また，非階層的クラスター分析では分析を行う前にデータをいくつのクラスターに分類するのか決定しなくてはならない．そこで，本章では k-means 法および k-medoids 法のどちらにおいても，夏目漱石の小説を2つのクラスターに

分類する.

▌*k*-means 法 ▌

　k-means 法による非階層的クラスター分析を実行する関数は kmeans である. kmeans 関数ではクラスター数の指定を centers という引数において行う. なお, soseki の 1 列目の変数は「出版年」であるので, kmeans を実行するときに,「出版年」を除外した.

```
1 res.km <- kmeans( soseki[, -1], centers = 2 )
```

　多次元データに対して *k*-means 法による非階層的クラスター分析を行うとクラスタリングの結果を図示することができない. そこで, 主成分分析を行い, 第 1 主成分と第 2 主成分の散布図における観測対象をクラスタリングの結果に応じて色分けすることによって非階層的クラスター分析の結果を可視化できる.

　分析によって求められたクラスタリングの結果は res.km$cluster に格納されている. 本章での分析ではクラスター数を 2 つとしたため, res.km$cluster では各作品に対して 1 あるいは 2 という数字が割り振られている. クラスタリングの結果を出力したいときは res.km$cluster と実行すればよい. また, R では黒は 1, 赤は 2 と色に数字が対応されており, 主成分分析によって求められた散布図において各作品を色分けするには res.km$cluster を下記のように用いる.

```
1 res.pca <- prcomp( soseki[, -1], scale = TRUE )
2 plot( res.pca$ x[, 1:2], type = "n" )
3 text( res.pca$ x[, 1:2], lab = rownames(soseki), col = res.km
      $ cluster )
```

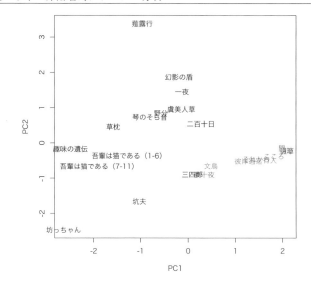

図 10.3 k-means 法によるクラスタリング結果の可視化

図 10.3 の散布図は色分けしていることを除けば図 8.4 と同一のグラフである．8 章において，第 1 主成分に夏目漱石の文体の継時的な変化が現れていると考察した．夏目漱石は 1905 年から 1916 年まで作家として活動したが，図 10.3 において左側にある作品は早い時期に発表されており，右側にある作品は晩年近くに発表された作品である．k-means 法によって夏目漱石の小説を 2 つのクラスターに分類すると，図 10.3 において示したようにおよそ 1908 年を境界としてそれ以前の作品とそれ以降の作品に分類される．

k-medoids 法

k-medoids 法による非階層的クラスター分析を行うには cluster というパッケージの pam という関数を用いる．k-medoids 法を実行する前に cluster を読み込まなくてはならない．使用する関数は library である．k-medoids 法も k-means 法と同様に pam 関数を実行するときにクラスター数を指定する．kmeans 関数では centers という引数においてクラスター数を指定したが，pam 関数においてクラスター数を指定する引数は k である．また，分析結果の可視化については k-means 法と同様に第 1 主成分と第 2 主成分の主成分得点の散布図を用いる．

```
1  library( cluster )
2  res.pam <- pam( soseki[, -1], k = 2 )
3  plot( res.pca$x[,1:2], type = "n" )
4  text( res.pca$x[,1:2], lab = rownames(soseki), col = res.pam$cl
      uster )
```

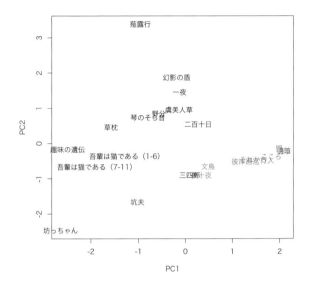

図 10.4 k-medoids 法によるクラスタリング結果の可視化

図 10.4 は k-medoids 法によって求められたクラスタリング結果を可視化したグラフである．図 10.3 と図 10.4 より明らかであるが，k-medoids 法のクラスタリングは k-means 法のクラスタリングと同様である．

索　引

文理融合データサイエンスの基礎

2023 年 3 月 10 日　　第 1 版　第 1 刷　印刷
2023 年 3 月 30 日　　第 1 版　第 1 刷　発行

著　　者　　土 山　　玄

発 行 者　　発 田 和 子

発 行 所　　株式会社　学術図書出版社

〒113−0033　　東京都文京区本郷 5 丁目 4 の 6

TEL 03−3811−0889　　振替　00110−4−28454

印刷　三和印刷（株）

定価は表紙に表示してあります.

ⓒ 2023　TSUCHIYAMA, G.

Printed in Japan

ISBN978−4−7806−1044−4　　C3041